河南省强对流天气分析和新一代天气雷达图集

技术顾问：俞小鼎

主　　编：张一平　孙景兰　牛淑贞

气象出版社
China Meteorological Press

内 容 简 介

利用河南省六部新一代天气雷达产品结合常规高空、地面资料等对 2006—2013 年河南省强对流天气进行分析和分类图像整编。本图集分为三章:第 1 章为河南单体风暴、多单体风暴、超级单体风暴、飑线等不同类型的雷达回波分类和结构特征;第 2 章为雷暴大风、冰雹、龙卷、短时强降水等不同种类灾害性天气雷达产品的分类分析及其典型结构特征;第 3 章为利用常规高空、地面资料和雷达资料等对河南省典型灾害性强对流天气过程进行中尺度天气分析、探空(订正)和雷达回波演变特征分析,总结了河南省典型强对流天气的环境特征及其发生、发展的演变特征。

本图集可以作为气象预报业务服务人员监测预警强对流天气的参考工具书,其中的强对流天气实况信息和雷达观测图像也可作为科研人员进一步研究的参考资料。

图书在版编目(CIP)数据

河南省强对流天气分析和新一代天气雷达图集/张
一平,孙景兰,牛淑贞主编. --北京:气象出版社,
2017.3

ISBN 978-7-5029-6532-7

Ⅰ.①河… Ⅱ.①张… ②孙… ③牛… Ⅲ.①强对流
天气-天气分析-河南-图集②强对流天气-天气雷达-河南-
图集 Ⅳ.①P425.8-64

中国版本图书馆 CIP 数据核字(2017)第 057323 号

出版发行:气象出版社

地　　　址:北京市海淀区中关村南大街 46 号　　　　邮政编码:100081

电　　　话:010-68407112(总编室)　010-68408042(发行部)

网　　　址:http://www.qxcbs.com　　　E-mail:qxcbs@cma.gov.cn

责任编辑:黄红丽　邵俊年　　　　　　　　终　　审:吴晓鹏

责任校对:王丽梅　　　　　　　　　　　　责任技编:赵相宁

封面设计:楠竹文化

印　　　刷:北京地大天成印务有限公司

开　　　本:889 mm×1194 mm　1/16　　　　印　　张:15.5

字　　　数:463 千字

版　　　次:2017 年 3 月第 1 版　　　　　　印　　次:2017 年 3 月第 1 次印刷

定　　　价:120.00 元

《河南省强对流天气分析和新一代天气雷达图集》
编写组

技术顾问：俞小鼎

主　　编：张一平　　孙景兰　　牛淑贞

编　　委：吴　蓁　　郑世林　　梁俊平　　乔春贵　　史一丛

　　　　　袁小超　　杨国锋　　李　飞　　王新敏　　苏爱芳

　　　　　李　周　　吕晓娜　　崔丽曼　　张　宁　　张　怡

　　　　　姚　远　　吕作俊　　刘　伟　　金　炜　　袁春风

序 一

强对流天气是我国主要的灾害性天气之一,其引发的灾害往往给人民群众生命财产带来严重威胁。雷暴大风、冰雹、龙卷及短时强降水等强对流天气的发展演变迅速,突发性强、空间尺度小、生命史短、破坏力大,依靠常规气象观测站网很难及时有效监测,现有的数值天气预报等手段也难以及时准确预报和预警,因此,强对流天气预报预警一直是气象业务中的重点和难点。

近几年来,各级气象部门着力强对流天气监测预警业务能力建设,发展高分辨率的中尺度数值预报模式,开展基于新一代天气雷达网的强对流实时监测业务,建立多种资料综合应用的中尺度天气分析业务和基于对流发展机理认识的强对流天气分类短时临近预警业务,业务能力有了明显的提高。但是,对强对流天气的监测预警仍然远不能适应气象防灾减灾的需要。提高监测预警能力是一个长期过程,需要各级业务和科研单位在充分应用日益丰富的各类气象监测手段和多种类气象监测预报资料的基础上,加强对典型天气个例的分析研究,深化对强对流天气发生发展规律的认识,不断发展和完善强对流天气的预报预警技术。

黄淮地区是我国强对流天气的多发区,近年来曾多次出现强对流天气严重致灾事件,如 2002 年 7 月 19 日,河南省出现了历史罕见的雷暴大风和严重冰雹等强对流天气,20 多人因灾死亡。2008 年 6 月 3 日和 2009 年 6 月 3 日,河南部分地区出现了雷暴大风等强对流天气,部分县市风速突破历史极值,分别造成了 20 人和 22 人死亡。2007 年 7 月 29 日到30 日,河南三门峡市卢氏县发生历史罕见短时强降水灾害,交通、电力、通信等设施遭到严重破坏,78 人因灾死亡。为提高对这类灾害性天气的预报预警能力,河南省气象局成立了强对流天气预报创新团队,该团队经过两年的努力,利用新一代天气雷达产品结合常规高空、地面资料,对近年来河南省出现的 31 个强对流天气个例进行了较为系统的技术分析总结,提炼了分类强对流天气的监测识别和临近预警指标。在此基础上,编写了《河南省强对流天气分析和新一代天气雷达图集》,这项工作是一个对强对流天气系统再认识的过程,也是对雷达资料分析应用技术的深化过程,很有价值。

该图书是一本面向气象预报业务服务人员的实用参考书,也是一本有价值的强对流天气雷达资料图集，可供河南省和周边省份从事短时临近预警业务的预报员员和专家参考使用。河南省气象台对强对流天气历史个例系统梳理以及对雷达资料应用深入总结分析的做法也值得省级气象部门学习借鉴。我相信该图书能为广大气象预报业务人员和科研人员提供学习参考，并从中获益。

在此，谨对该书的出版以及河南省强对流天气预报创新团队的科研成果表示祝贺！

中国气象局副局长

（矫梅燕）

2017 年 3 月

序　二

　　河南省位于我国中东部,地处黄河中下游,地形西高东低。西北部、西部为太行山和豫西伏牛山脉,南部为桐柏山、大别山脉,太行山与豫西山脉之间为黄土丘陵区,豫北、豫东属辽阔的华北平原和黄淮平原。河南地处中原,人口密集,是我国著名的人口大省、农业大省、交通大省,也是一个气象灾害比较严重的大省,特别是夏季雷暴大风、冰雹、短时强降水等灾害性强对流天气频发,剧烈的强对流天气给人民生活、生命财产造成了严重影响和重大损失,给粮食安全造成了很大威胁。

　　由于强对流天气尺度小、生命史短,具有突发性强、发展迅猛、强度激烈、致灾严重等特点,一直以来都是天气预报预警业务中备受人们关注的重点和难点。新一代多普勒天气雷达是监测预警强对流天气特别是与风害和冰雹相伴随的灾害性强对流天气的主要工具之一。近年来,河南省强对流天气预报创新团队利用新一代天气雷达、自动气象站等加密探测资料对河南省典型强对流天气发生发展的演变规律和形成原因进行了细致分析和研究,为了更好地将预报预警经验和研究成果应用于河南省强对流天气业务中,迫切需要将我省新一代天气雷达运行以来强对流天气的典型雷达产品图像进行系统整理,编写一本有价值的强对流天气分析和雷达回波图集,为广大基层业务人员从事强对流天气监测预警工作提供技术参考,从而提高强对流天气的预报预警水平,增强防御能力。

　　2016年初,河南省强对流天气预报创新团队通过两年的共同努力,完成了《河南省强对流天气分析和新一代天气雷达图集》。本图集收集了大量雷暴大风、冰雹、龙卷和短时强降水等不同类别强对流天气实例的雷达产品图像,梳理出31个河南重大、灾害性强对流天气个例,从天气实况、天气形势和中尺度天气分析、探空订正、雷达回波演变和典型特征等方面进行图像分析和整理,为省、市、县各级预报员进行分类强对流天气短临预报预警提供直观参考。相信该图集的出版,将有助于广大业务人员提高对河南省强对流天气的认识,并在天气业务和实时强对流天气预报预警中发挥重要参考作用,进一步提高河南省强对流天气的预报预警准确率,通过提前防御,最大限度减少气象灾害对人民生命财产造成的损失,为经济社会发展和人民生命财产安全提供良好的气象服务保障。

河南省气象局局长

（赵国强）

2016 年 10 月

前　　言

　　强对流天气是灾害性天气,同时也是高影响天气,主要由中小尺度天气系统影响而造成,数值预报产品预报能力弱,预报难度大。地处中原的河南省是强对流灾害性天气多发省份。河南省郑州、濮阳、三门峡、商丘、南阳和驻马店六部新一代天气雷达自 2006 年相继投入业务运行以来,其生成的多种产品为预报员提供了与强对流天气相关的丰富信息,雷达产品的应用显著提高了中小尺度天气系统的监测能力,在全省雷暴大风、局地冰雹和短时强降水等强对流天气预报、预警和服务过程中发挥了重要作用。同时,夏半年全天候的运行模式为总结雷暴大风、冰雹、强降水等灾害性强对流天气预报预警经验提供了大量高时空分辨率的探测资料。为了充分发挥中小尺度监测网的作用,提高河南省强对流天气的监测预警能力,提高市、县基层台站气象业务人员对强对流天气的监测识别能力,河南省气象局以河南省强对流预报技术创新团队为主体,组织技术人员编写一本新一代雷达回波图集,供一线预报服务人员业务使用和参阅。

　　在酝酿编写该图集之初,编撰人员考虑图集要面向预报员,主要目的是对河南省新一代天气雷达运行以来雷暴大风、冰雹、龙卷、短时强降水等灾害性强对流天气及雷达监测产品进行系统分析和研究,筛选出各类强对流天气典型素材,通过实例完成河南省强对流天气雷达产品和中尺度天气分析图集的编写工作。通过讨论,初步确定雷达图集的基本内容,并制订了图集的编写目录。为确保顺利完成编写任务,专门聘请中国气象局气象干部培训学院俞小鼎教授为技术指导和顾问。2014 年 6 月将图集目录、典型个例内容的实例发给俞小鼎教授,并咨询和请教了图集编写的相关技术问题。俞教授审阅了图集内容,提出了很宝贵的修改意见和建议。根据俞教授的意见编写组成员确定了按回波类型分类、按强天气类别分类和重大灾害天气过程分析三大部分编写的基本框架,细化了雷达图集编写目录,并最终确定了图集内容。2016 年 4 月,又将该图集初稿送给俞小鼎教授审阅,再次提出了很好的修改意见。在编写雷达图集的整个过程中,俞小鼎教授给予了大力支持并进行了技术指导。

　　本图集分为三部分,第一部分为河南强对流天气雷达回波演变及其结构特征,通过分析,归纳出了河南普通单体风暴、多单体风暴、超级单体风暴、飑线等不同类型的雷达回波特征,展现了河南省对流风暴的复杂性和多样性。这部分工作主要由张一平、牛淑贞和孙景兰完成。第二部分对不同种类灾害天气雷达基数据进行针对性的回放,根据河南省强对流天气特点,从业务应用角度出发,对雷暴大风、冰雹、龙卷和短时强降水等强对流天气进行了分类,按灾害天气种类归纳出各类天气对流风暴的精细结构特征,提炼出河南省不同种类强对流天气雷达产品的典型特征,展现了形成各类强天气的对流风暴的复杂性,找出不同种类强对流天气的预警着眼点,归纳出了河南省分类强对流天气的雷达监测预警指标。这部分工作主要由张一平、牛淑贞、孙景兰和袁小超完成。第三部分为新一代天气雷达在河南省重大灾害性强对流天气过程中的应用实例,从2006—2013年河南省各种强对流天气过程中,挑选出了31例比较重大、有影响的典型灾害性强对流天气过程,从天气实况、灾情、天气分析、探空订正、雷达回波演变及其典型特征等方面对31例河南省各种重大典型灾害性强对流天气过程进行分析和图像整编。这部分工作主要由张一平、梁俊平、乔春贵、牛淑贞和史一丛等完成。

本图集技术指导为俞小鼎,策划为孙景兰、张一平、牛淑贞,主编为张一平、孙景兰、牛淑贞。参与图集编写工作的还有河南省气象台吴蓁、郑世林、杨国锋、李飞、王新敏、苏爱芳、李周、吕晓娜、崔丽曼、张宁,河南省郑州、濮阳、三门峡、商丘、南阳、驻马店六个雷达站的姚远、刘伟、吕作俊、张怡、金炜、袁春风等也参与了部分工作。上述人员在图集编撰、审阅、校对及天气实况、灾情和常规高空、地面资料、雷达资料收集处理等方面参与完成了大量工作。

本图集的雷达资料来源于河南省郑州、濮阳、三门峡、商丘、南阳和驻马店六部新一代天气雷达。技术说明中的河南省新一代天气雷达方面的部分内容由河南省气象信息与技术保障中心潘新民提供,河南省气象局科技与预报处、观测网络处、河南省气象台参与了部分组织工作。河南省气象信息与技术保障中心、郑州市气象局、濮阳市气象局、三门峡市气象局、商丘市气象局、南阳市气象局和驻马店市气象局也为本图集的编写提供了支持。河南省气象服务中心(气象影视和宣传中心)宗川也对图集出版提出了宝贵建议。

俞小鼎、姚秀萍、熊廷南等编著的《多普勒天气雷达原理与业务应用》和俞小鼎、周小刚、L. Lemon等主编的《强对流天气临近预报》预报员轮训班讲义以及俞小鼎教授的新一代天气雷达培训班课件及预报员轮训班课件是本图集的主要参考资料,图集中的基本概念和经典的风暴模型图均引自于上述资料。另外,还参考了章国材主编的《强对流天气分析与预报》,孙继松、戴建华、何立富等编著的《强对流天气预报的基本原理与技术方法》,张亚萍主编的《重庆市强对流天气分析图集》等有关强对流天气方面的专著资料。在此谨对该图集编撰提供支持和帮助的领导、专家以及组织和参与单位深表谢意!

因编者学识水平有限,不当之处在所难免,敬请读者指正。

编　者

2016年9月　郑州

技 术 说 明

1 强对流天气标准

根据河南省强对流天气标准和中国气象局下发的有关文件,定义河南省强对流天气为:瞬时风速 ≥17 m/s的直线大风伴雷暴(称雷暴大风)、落到地面的冰雹(并不局限于 2 cm 以上)、短时强降水 (≥20 mm/h或≥ 30 mm/2h 或≥50 mm/3h)和任何级别的龙卷等。

本图集中的河南强对流天气主要指伴随阵雨、雷阵雨而出现的 17 m/s 以上的大风,冰雹、任何形式 的龙卷(F0 级以上)和致灾短时强降水等强对流天气。当雷暴大风、冰雹、短时强降水同时出现或伴随 出现时,以其相对重要性和致灾情况进行分类。

2 资料

按照上述标准,普查 2006—2013 年河南省 119 个国家自动站中有一站及以上的≥17 m/s 的雷暴大 风、冰雹、龙卷、短时强降水等实况,与实况天气相关的常规高空、地面资料、雷达基数据和产品资料。

3 新一代天气雷达

河南省雷达为郑州、濮阳、三门峡、商丘、南阳、驻马店六部新一代天气雷达,均由北京敏视达雷达有 限公司生产,其区站号、型号等基础信息和投入运行的时间,如表 1 所示(为便于今后查询使用,增加了 2013 年 6 月 16 日投入运行的洛阳新一代天气雷达信息)。其地理位置分布如图 1 所示。

表 1　河南省 7 部新一代天气雷达区站编号、型号等基础信息

雷达站	区站号	型号	工作波长 (cm)	工作频率 (MHz)	波束宽度(°)		脉冲宽度(μs)		投入运行时间
					水平	垂直	窄脉冲	宽脉冲	
郑州	Z9371	CINRAD/SA	10.99	2730	0.95	0.99	1.57	4.71	2007 年 1 月 24 日
洛阳	Z9379	CINRAD/SA	11.02	2720	0.96	0.99	1.58	4.60	2013 年 6 月 16 日
濮阳	Z9393	CINRAD/SB	11.08	2705	0.88	0.97	1.59	4.52	2005 年 12 月 11 日
商丘	Z9370	CINRAD/SB	11.03	2720	0.89	0.88	1.57	4.50	2007 年 6 月 30 日
三门峡	Z9398	CINRAD/SB	11.07	2710	0.97	0.97	1.52	4.51	2006 年 12 月 1 日
南阳	Z9377	CINRAD/SB	11.01	2725	0.88	0.97	1.57	4.52	2007 年 2 月 1 日
驻马店	Z9396	CINRAD/SB	11.05	2715	0.88	0.79	1.56	4.70	2006 年 12 月 1 日

图1 河南省7部新一代天气雷达位置分布

（红色为 SA 型,绿色为 SB 型）

3.1 新一代天气雷达性能参数

新一代天气雷达最大探测距离基本反射率因子为 460 km,平均径向速度和谱宽为 230 km,SA/SB 均为 S 波段,雷达天线口径相同,直径 8.5～9.0 m。工作体制为全相参脉冲多普勒,多普勒处理为 FFT 方式,发射机发射频率范围 2.7～2.8 GHz,脉冲峰值功率在 650～800 kW,窄脉冲宽度 1.52～1.59 μs,宽脉冲宽度为 4.50～4.71 μs,距离抽样间隔 250 m,脉冲重复频率(PRF)在 300～1300 Hz。

3.2 新一代天气雷达产品和色标

本图集中雷达图片较多,不便于每幅图都增加色标,河南省六部新一代天气雷达产品和色标等均一致和相同,涉及的产品、色标、分辨率等如表 2 所示。

表 2 雷达产品、色标、分辨率等

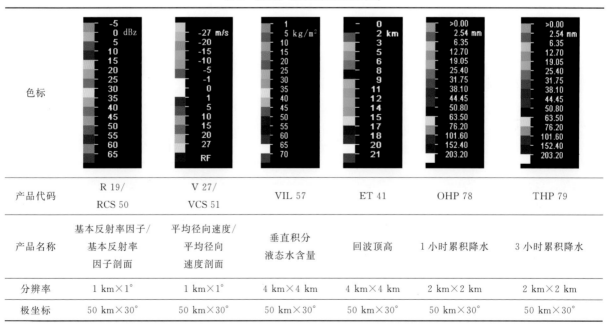

色标						
产品代码	R 19/ RCS 50	V 27/ VCS 51	VIL 57	ET 41	OHP 78	THP 79
产品名称	基本反射率因子/ 基本反射率 因子剖面	平均径向速度/ 平均径向 速度剖面	垂直积分 液态水含量	回波顶高	1 小时累积降水	3 小时累积降水
分辨率	1 km×1°	1 km×1°	4 km×4 km	4 km×4 km	2 km×2 km	2 km×2 km
极坐标	50 km×30°	50 km×30°	50 km×30°	50 km×30°	50 km×30°	50 km×30°

注:组合反射率因子色标同基本反射率因子,产品代码 CR 37,分辨率:1 km×1 km,极坐标:50 km×30°

3.3 雷达产品图像

本图集的主要内容是雷达产品图像,为了突出对流风暴的结构特征,第 1 章和第 2 章中的回波图像多由雷达基数据重新回放获取,第3章中的雷达回波演变和典型特征多来自于雷达主用户处理器PUP生成的日常产品集中的产品。除了基本反射率因子、平均径向速度(其后的0.5°、1.5°等表示雷达天线扫描仰角)及相应的垂直剖面产品,考虑到很多非主PUP用户不便于一次性产品请求和多仰角四画面显示,大多雷达图中增加了回波顶高ET、垂直积分液态水含量VIL和组合反射率CR等常用产品。为了更好地说明对流系统移动和旋转等特征,部分雷达基本反射率因子、平均径向速度等产品上叠加有风暴追踪信息STI、中气旋M和龙卷涡旋特征TVS等。

3.3.1 回波类型和强天气类别

为了突出对流风暴的结构特征,利用雷达单元控制处理器UCP对雷达基数据回放,重新获取了不同回波类型和不同强天气类别的剖面和多仰角产品,为了获取一致的基本反射率因子剖面RCS和平均径向速度剖面VCS,一次性产品请求时多采取径向剖面。为便于对比,本图集中RCS和VCS产品高度统一选取为18 km。

3.3.2 雷达回波演变

雷达回波随时间的演变采用适当放大比例的基本反射率因子产品来体现,持续时间短、变化较快的强对流天气过程间隔较短,时间间隔基本在0.5小时,部分强对流天气过程特别是大范围强降水过程持续时间长,雷达回波变化相对缓慢,时间间隔在1~2小时。目的是力图选取最合适的放大比例和时间间隔,能够最佳显示雷达回波的发生、发展、减弱、消亡的演变过程。

3.3.3 典型回波特征

第3章中雷达回波典型特征,如中气旋等,增加了必要的速度图、回波顶高和液态水含量、风廓线等,为了更好地分类和说明问题,个别典型图像和第1、2章中的分类回波有雷同。

4 天气实况及来源

4.1 天气实况

从A文件、重要报、灾情直报等收集2006—2013年河南省一站(国家自动站)及以上雷暴大风、冰雹、龙卷和短时强降水等强对流天气实况,考虑河南省强对流天气多发生在午后到傍晚,第3章重大灾害强对流天气过程实况以08时(北京时,无特殊说明,本图集中时间均为北京时)为日界,例如2009年6月3日强对流天气起止时间为3日08时到4日08时。天气实况中大风为棕色风矢表示,红色数字为A文件中的出现时间(后两位为分钟,前两位或前一位为小时),蓝色三角为冰雹。降水量为当日08时到次日08时24小时降水量,单位为mm(其中≥50 mm为红色字体,≥25 mm为紫色字体,≥10 mm为蓝色字体,<10 mm为黑色字体)。

4.2 灾情实况

灾情实况来自于地方民政局和中国气象局灾情直报系统。此外,新华网、人民网、中国天气网、河南气象网、河南新闻、中原网、大河报(网)、《东方今报》、《郑州晚报》、《汴梁晚报》等互联网媒体和开封、商丘、济源、濮阳、三门峡等地市官方互联网站、新闻视频等媒体新闻报道的文字、图片和视频也为本图集的编写提供了强对流天气实况的参考信息(灾情图片略)。

5 天气形势和探空订正

为了最大限度地显示强对流天气发生的天气形势等多种相关信息,利用MICAPS3.1中的编辑、叠加等功能,制作了第3章中天气形势的常规高空、地面图,利用MICAPS3.1中尺度工具箱中的分析工具,制作了高空综合分析图。

5.1 常规高空、地面图

第3章天气图分析中,图(a)为08时或20时500 hPa高空图(其中黑色实线为高度,红色虚线为

500 hPa 等温线,黑色填图为风向、风速)和 14 时(个别时次为 08 时或 20 时)海平面气压(蓝色细等值线);图(b)为 08 时或 20 时 850 hPa 高空图(其中黑色实线为高度,红色细实线为 850 hPa 等温线,填图黑色为风向风速,红色数字为温度、绿色数字为比湿);图(c)为 08 时或 20 时高空综合分析图(详见下一节 5.2);图(d)为 14 时(个别时次为 08 时或 20 时)地面图(其中包括 MICAPS3.1 分级站点总云量、温度、露点、三小时变压、风向、风速,不分级站点风向、风速和地面辐合线)。另外,为了更好地显示地面图上气压系统和更清楚地显示河南省地面气象要素特征,将地面图中相应时次的海平面气压场与图(a)500 hPa 高空图进行了叠加。

5.2 高空、地面综合分析图

第 3 章有关天气形势的高空、地面综合分析图的各图中,图(c)为 08 时(个别为 14 时)高空综合分析图,图(d)地面图中叠加了冷锋和中尺度辐合线。图例说明如表 3 所示。

表 3 中尺度天气分析符号和说明

符号	内容	符号	内容
➡	200 hPa 急流	▲▲▲▲▲	500 hPa 温度槽
➡	500 hPa 急流	▲▲▲▲▲	700 hPa 温度槽
➡	700 hPa 急流	● ● ● ● ●	850 hPa 温度脊
➡	850 hPa 急流	◆●◆●◆	500 hPa 24 h 显著降温区
➡	200 hPa 显著流线	◆●◆●◆	700 hPa 24 h 显著降温区
➡	500 hPa 显著流线	◆●◆●◆	850 hPa 24 h 显著升温区
➡	700 hPa 显著流线	▭○▭○▭○	700 hPa 干线
➡	850 hPa 显著流线	▭○▭○▭○	850 hPa 干线
▬▬▬	层标注槽线	─ ─ ─ ─	850 和 500 hPa 温度差
═══	500 hPa 切变线	┬┬┬┬┬	层标注干区
═══	700 hPa 切变线	┴┴┴┴┴	层标注湿区
≡≡≡	850 hPa 切变线	▬▬▬	588 dagpm 特征线
▬X▬X▬X	地面辐合线	▼▼▼▼	地面冷锋

5.3 探空及订正说明

强对流天气多发生在午后,利用强对流天气强度较大站 14 时的温度和露点对临近探空站 08 时探空 $T-\ln P$ 图进行时空订正;20 时后出现的强对流天气,用实时探空或用强对流天气强度较大站的 20 时温度和露点对临近探空站 20 时探空 $T-\ln P$ 图进行空间订正。

单站订正探空廓线图下方示出了根据 08(20)时实时探空资料计算的 $CAPE$、CIN、K 和 SI 等常用物理量参数值,上方示出了根据上述原则订正后的 $CAPE$ 和 CIN 物理量参数值。

6 强对流天气过程小结

简要分析了灾害天气过程的天气背景、影响系统和雷达回波演变特征,总结出强对流天气过程发生的热力、水汽、层结不稳定等条件,提炼出强对流天气过程的预报预警着眼点,为今后预报预警同类强对流天气提供参考。

目　　录

第1章　河南省强对流天气雷达回波类型

　　对流风暴通常由一个或多个对流单体组成,也可以由多个对流单体组成,其中多单体风暴占绝大多数。由单个单体构成的对流风暴分为普通单体风暴和孤立的超级单体风暴,由多个单体构成的对流风暴分为团状分布的多单体风暴和线状分布的线风暴或飑线。

　　传统的对流风暴可以分为以下四类:普通单体风暴、多单体风暴、线风暴(飑线)和超级单体风暴,其中前三类既可以是强风暴,也可以是非强风暴,而第四类一定是强风暴。上述分类并不相互排他,多单体风暴和飑线中的某一对流单体可以是超级单体。最新的分类方法倾向于将对流风暴分为超级单体风暴和非超级单体风暴两大类,但从业务应用的角度考虑,采用普通单体风暴、多单体风暴、线风暴(飑线)和超级单体风暴的传统分类方法更方便(俞小鼎等,2006)。近几年河南省强对流天气雷达监测回波图上,河南省强对流天气的回波也主要是单体风暴、多单体风暴、线风暴(飑线)和超级单体风暴四种回波类型。

1.1　单体风暴

　　单体风暴由单个单体组成,属于局地对流系统。尺度小,通常在10~20 km,生命史短。普通单体风暴的演变过程通常包括三个阶段:塔状积云阶段、成熟阶段和消亡阶段(图1.1.1)。在较弱的垂直风切变环境条件下,常出现局地脉冲单体强风暴(图1.1.2),脉冲风暴初始回波高度较高,强反射率因子回波

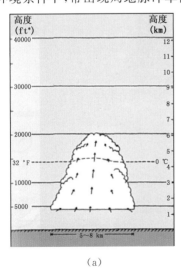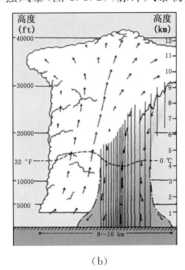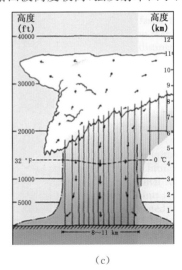

(a)　　　　　　　　　　　　　(b)　　　　　　　　　　　　　(c)

图1.1.1　普通对流风暴单体的生命史(引自俞小鼎等,2006)

(a)塔状积云阶段,(b)成熟阶段,(c)消亡阶段

---

　　* 1 ft=0.3048 m。

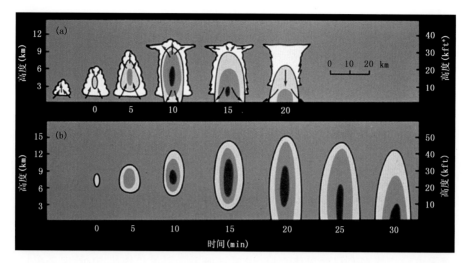

图 1.1.2　(a)为普通风暴反射率因子垂直剖面的演变过程,(b)为脉冲风暴反射率因子垂直剖面的演变过程
(其中等值线为回波强度,单位 dBz,最暗区的强度超过 50 dBz;引自俞小鼎等,2006)

核的高度通常在 6～9 km,平均径向速度图上,常有中层径向辐合,伴随着反射率因子核的下降,地面常出现短时雷暴大风和局地冰雹(俞小鼎等,2006)。

普查河南省强对流天气雷达回波,发现河南块状单体回波较多,而导致强风暴的单单体回波类型比较少。单体概念不是一个非常严格的概念,因为任何所谓的单体内还有更精细的结构,也即单单体回波风暴几乎不存在,从河南实际业务应用角度出发,将局地性的相对孤立的块状强对流单体回波划分为单体风暴。

如图 1.1.3 为 2009 年 5 月 3 日 17:21 郑州雷达 1.5°基本反射率因子图上的局地单体风暴,该单体回波自 16:33 在郑州雷达站西北方向约 20 km 处生成后逐渐发展,尺度 10～20 km,回波强度达 60 dBz,使郑州市区局部出现雷暴大风和冰雹天气,18:00 后块状单体回波逐渐减弱消散,生命史约 2 小时。

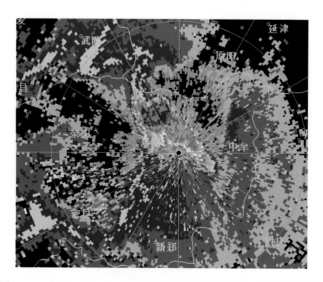

图 1.1.3　2009 年 5 月 3 日 17:21 郑州雷达 1.5°基本反射率因子

如图 1.1.4 为濮阳脉冲单体风暴,2011 年 7 月 10 日 13:46 濮阳雷达基本反射率因子和沿局地单体风暴径向(图 1.1.4(a)白线所示)剖面,该单体回波 13 时在濮阳雷达站东北方向约 20 km 处生成后快速

---

* 1 kft＝304.8 m。

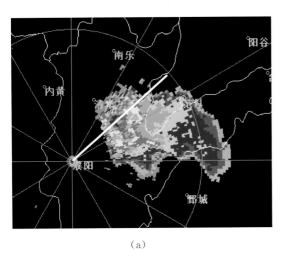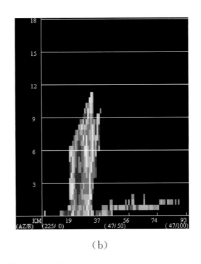

(a)　　　　　　　　　　　　　　　(b)

图 1.1.4　2011 年 7 月 10 日 13:46 濮阳雷达产品
(a)9.9°基本反射率因子,(b)沿图(a)径向白线所示基本反射率因子剖面

发展,导致清丰局地出现雷暴大风、冰雹和短时强降水强对流天气,详细灾情实况等见 3.22 节。

图 1.1.5 是 2012 年 7 月 28 日泌阳单体风暴,该单体风暴 14 时在泌阳附近生成,生命史约 1.5 小时,造成泌阳出现了雷暴大风和短时强降水天气。据泌阳县盘古乡居民反映,28 日下午 3 时许,突然天昏地暗,几个霹雷过后下起了大雨,刮起了大风,烟站三层办公楼楼顶的上千块铁制隔热瓦及支撑钢架全被刮在天空中乱飞,数不清的铁制隔热瓦砸向电线和电线杆,有 4 根电线杆断裂倒下。

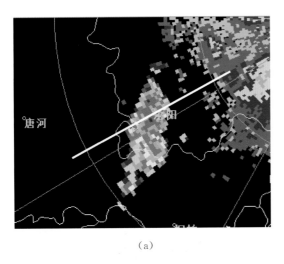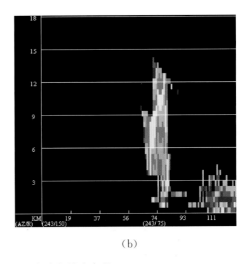

(a)　　　　　　　　　　　　　　　(b)

图 1.1.5　2012 年 7 月 28 日 14:47 驻马店雷达产品
(a)2.4°基本反射率因子,(b)沿图(a)径向白线所示基本反射率因子剖面

1.2　多单体风暴

多单体风暴是由不同发展阶段的对流单体排成一列(图 1.2.1),一般来说,多单体中每个单体的生命史与一般单体基本一致,因为多单体中单体的相互作用,多单体的生命史差别很大。多单体风暴回波移动是平流和传播的合成,风暴的传播是指在风暴某侧由新生单体所引发的风暴运动,传播方向常常为新上升气流发展的方向。多单体风暴的传播是不连续的,即新生单体以一系列离散过程周期性地发展。当环境为强气流控制时,风暴运动主要取决于平流,当环境气流较弱时,风暴运动主要取决于传播。多

单体风暴一般呈团状结构,呈线状分布的则称为多单体线风暴或线性多单体风暴。新生单体传播与环境场条件有很大关系,如果有利的天气条件持续,则不断有单体在多单体风暴某固定一侧不断生成,使得强烈多单体风暴持续数小时(俞小鼎等,2006)。

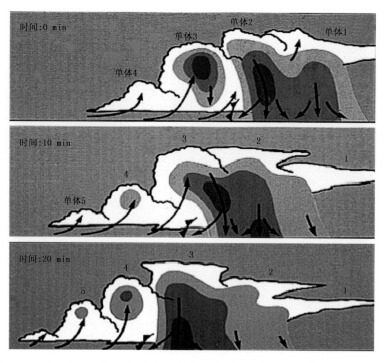

图 1.2.1　处于不同发展阶段的多单体风暴中各个单体演变
(引自俞小鼎等,2006)

河南省强对流风暴以多单体形式出现比较多,团状多单体和线状多单体均有出现,多单体强风暴通常造成短时雷暴大风、局地冰雹和局地短时强降水等灾害天气。

图 1.2.2 为 2007 年 6 月 13 日豫北多单体回波,午后河北和山西南部到豫北有对流降水回波生成,随后对流回波向南移动并不断发展、合并,其前侧不断有新单体生成、加强,具有明显的多单体传播特征,该多单体造成滑县、长垣、中牟等县市出现雷暴大风强对流天气。

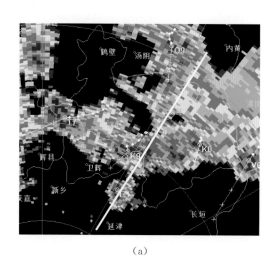
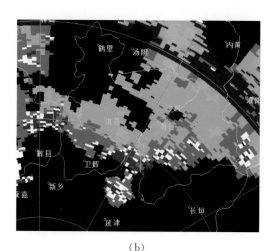

(a)　　　　　　　　　　　　　　　　(b)

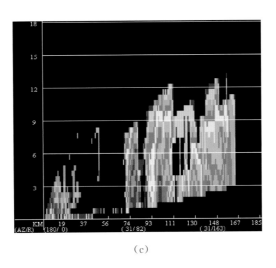

(c)

图 1.2.2 2007 年 6 月 13 日 17:57 郑州雷达产品

(a)1.5°基本反射率因子,(b) 1.5°平均径向速度,(c)沿图(a)径向白线所示基本反射率因子剖面

图 1.2.3 为 2011 年 7 月 15 日一次向西传播的多单体风暴,15:35 巩义有对流回波生成,经偃师向洛阳移动和传播,其西侧不断有新单体生成,具有明显的多单体向西传播特征。该多单体使得新安、孟津等地出现了雷暴大风天气。

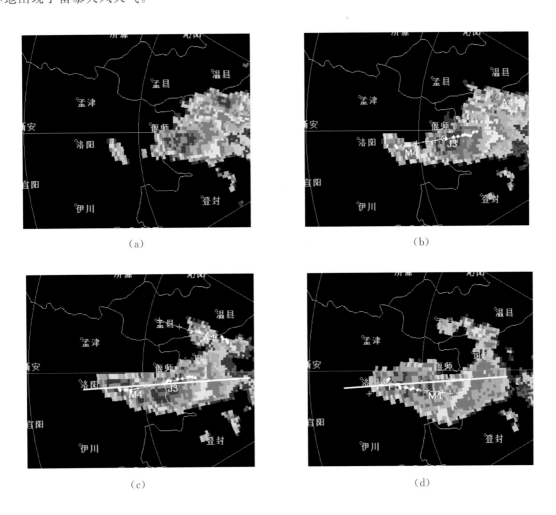

(a)

(b)

(c)

(d)

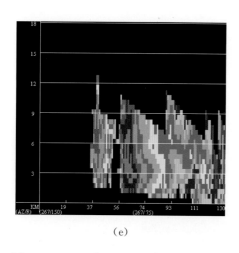
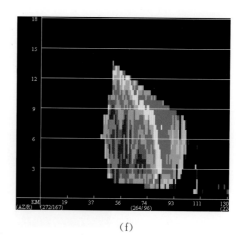

(e)　　　　　　　　　　　　　　　　　　(f)

图 1.2.3　2011 年 7 月 15 日郑州雷达产品,(a)、(b)、(c)、(d)分别为 17:06、17:18、17:31、17:49 1.5°
基本反射率因子,(e)、(f)分别为 17:31、17:49 沿径向白线所示基本反射率因子剖面

1.3　飑线

飑线是呈线状排列的对流单体族,其超过 35 dBz 的部分的长和宽之比大于 5:1,长度至少在 50 km
以上。构成飑线的各个单体之间有相互作用并产生地面大风,飑线过境时,常常伴随地面大风,气压涌
升和温度陡降,飑线一般属于 β 中尺度系统,可持续数小时。在组织完好的飑线中(图 1.3.1),新的单体
沿着回波的前沿上升,低层暖湿入流来自飑线前沿,而不是像孤立的超级单体风暴或多单体风暴那样形
成于回波右后侧。上升气流先以很陡的角度上升,然后其中一部分向后斜升,一部分直升云顶,然后在
云顶辐散。下沉气流形成于上升气流后部的降水回波中。下沉气流在地面附近辐散形成飑线低层前沿
的阵风锋,而低层暖湿入流经过阵风锋之上进入飑线前沿对流塔成为上升气流。

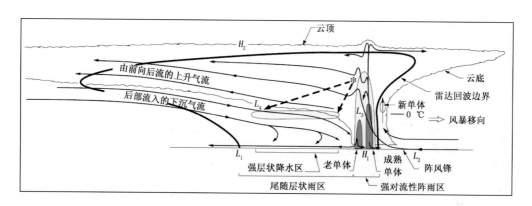

图 1.3.1　中尺度对流系统的运动学的和微观物理学的概念模型,以及带有尾随层状降水区的对
流线的雷达回波结构在垂直于对流线(并且一般与其运动平行)位置上的垂直剖面图(Houze 等,
1989)(中等和浓阴影分别表示中等和强的雷达反射率;H 和 L 分别表示正的和负的压力摄动;点
划线箭头表示通过融化层的冰粒的散落轨迹)

飑线的结构越均匀,沿着飑线越不容易产生灾害性天气,飑线的断裂处往往是强天气容易发生的地
方之一。图 1.3.2 给出了灾害性天气沿飑线的分布示意图(俞小鼎等,2006)。

河南飑线主要有西北气流型、西南气流型(有时可形成"人"字形飑线)以及冷空气(冷锋)南下和线
状对流回波带共同作用形成的飑线等几种形式(弓形回波形式的飑线回波图像见第 2 章)。

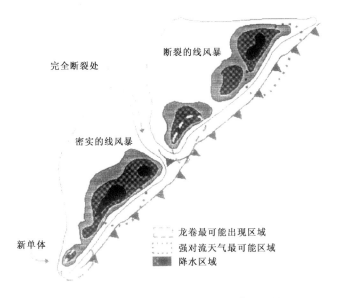

图 1.3.2 灾害性天气沿飑线的分布(引自俞小鼎等,2006)

西北气流形势下飑线通常呈东北—西南向或准东西向,自西北向东南或自北向南移动,移速通常达 30~50 km/h,飑线途经之处常出现区域雷暴大风、局地冰雹和短时强降水天气。图 1.3.3 是 2006 年 6 月 25 日 19:30 三门峡雷达监测的一次西北气流型飑线,飑线回波带长度达 200 km,宽度 20~30 km,回波强度强,在 50 dBz 以上,梯度大,强飑线自西北向东南方向快速移动,飑线途经之处造成三门峡、洛阳、济源、焦作、平顶山等地区出现区域雷暴大风、局地冰雹和短时强降水天气。

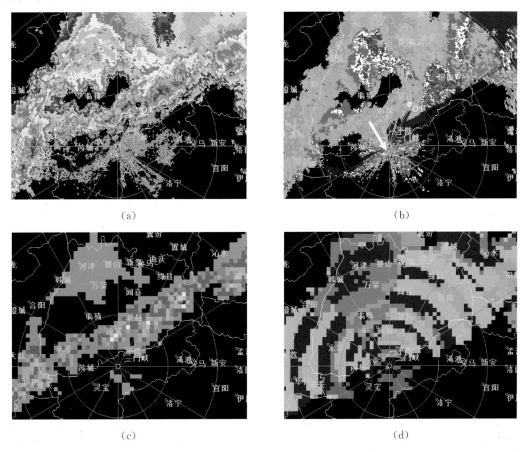

图 1.3.3 2006 年 6 月 25 日 19:30 三门峡雷达产品
(a)1.5°基本反射率因子,(b)1.5°平均径向速度,(c)垂直积分液态水含量,(d)回波顶高

西南气流形势下飑线通常呈西北—东南向或准南北走向,自西南向东北或自西向东移动,移速通常为30~40 km/h,飑线强回波带前沿常出现雷暴大风和短时强降水天气,飑线后侧有大片稳定降水回波。图1.3.4,图1.3.5分别是2013年8月2日20:53商丘雷达和2013年8月11日20:17濮阳雷达监测的西南气流型飑线,西南气流型飑线强度和梯度略弱于西北气流形势下的飑线,平均径向速度上的大风区(图1.3.4(b)和图1.3.5(b)白色箭头处)对出现雷暴大风有明显指示意义。

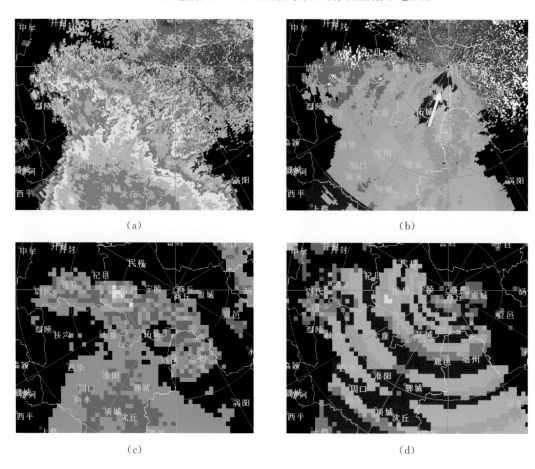

(a)　　　　　　　　　　　　　　(b)

(c)　　　　　　　　　　　　　　(d)

图1.3.4　2013年8月2日20:53商丘雷达产品

(a)1.5°基本反射率因子,(b)1.5°平均径向速度,(c)垂直积分液态水含量,(d)回波顶高

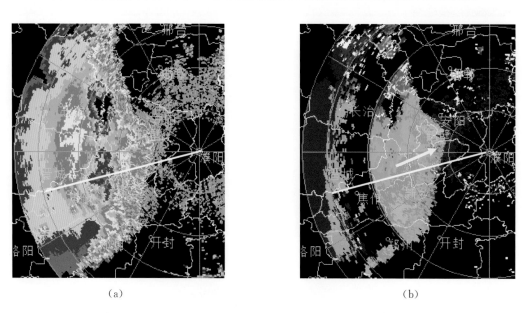

(a)　　　　　　　　　　　　　　(b)

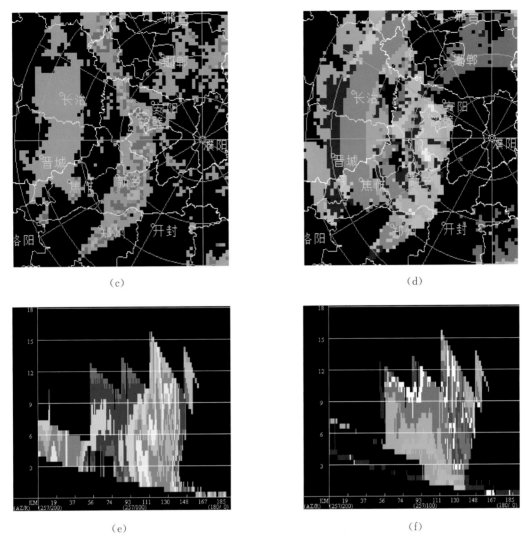

（c）　　　　　　　　　　　　　　　　　　　　（d）

（e）　　　　　　　　　　　　　　　　　　　　（f）

图 1.3.5　2013 年 8 月 11 日 20:17 濮阳雷达产品

（a）1.5°基本反射率因子,（b）1.5°平均径向速度,（c）垂直积分液态水含量,（d）回波顶高,

（e）沿图（a）径向白线所示基本反射因子剖面,（f）沿图（b）径向白线所示平均径向速度剖面

　　高空西南气流形势下低层有低涡或地面有气旋发展时,在高温高湿环境条件下可形成"人"字形飑线,如图 1.3.6、图 1.3.7 分别是 2010 年 7 月 1 日 16:08 郑州雷达和 2011 年 7 月 26 日 18:44 驻马店雷达监测的西南气流型"人"字形飑线,"人"字形飑线持续时间不长,常演变为大范围混合降水回波。西南气流"人"字形飑线造成的天气以雷电和短时强降水天气为主,发展旺盛的强回波处可形成局地雷暴大风。

　　有时,冷空气（冷锋）南下和锋面降水形成的强回波共同作用也会形成飑线,常呈东北—西南向,长度可达 200 km 或以上,宽约 20 km,自西北向东南方向移动,线状对流回波结构和回波强度比较均匀,对流发展不很旺盛,但由于伴随天气尺度较强冷空气南下,可形成雷暴和区域大风天气,局部可出现短时强降水,由于飑线回波移动较快,累积雨量不大。图 1.3.8—1.3.10 分别为 2008 年 5 月 9 日 15:39 郑州雷达、2009 年 5 月 16 日 20:29 濮阳雷达和 2013 年 7 月 4 日 17:20 南阳雷达监测到的冷空气和线状对流共同作用形成的飑线。平均径向速度图显示近地面有大风区,图 1.3.9 速度图可明显看出地面冷锋（白色曲线所示）即将越过雷达站。

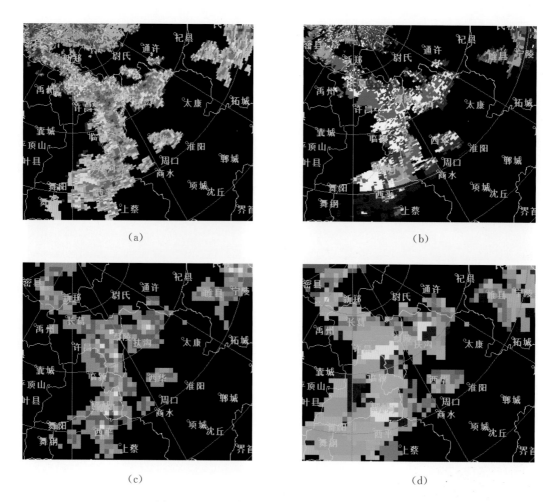

(a)

(b)

(c)

(d)

图 1.3.6　2010 年 7 月 1 日 16:08 郑州雷达产品

(a)1.5°基本反射率因子,(b)1.5°平均径向速度,(c)垂直积分液态水含量,(d)回波顶高

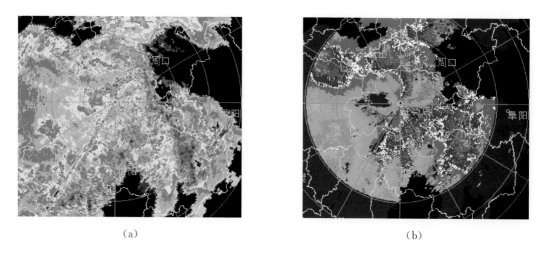

(a)

(b)

图 1.3.7　2011 年 7 月 26 日 18:44 驻马店雷达产品

(a)1.5°基本反射率因子,(b)1.5°平均径向速度

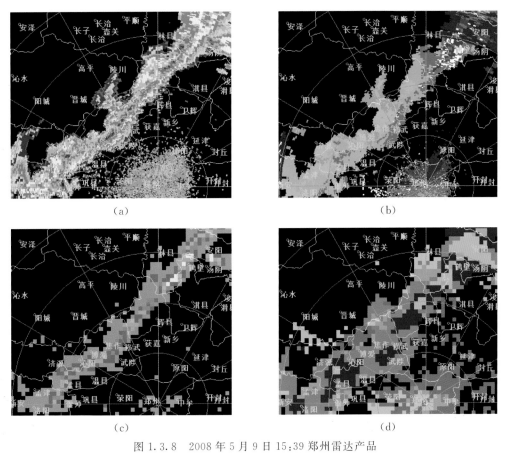

图 1.3.8　2008 年 5 月 9 日 15:39 郑州雷达产品

(a)1.5°基本反射率因子,(b)1.5°平均径向速度,(c)垂直积分液态水含量,(d)回波顶高

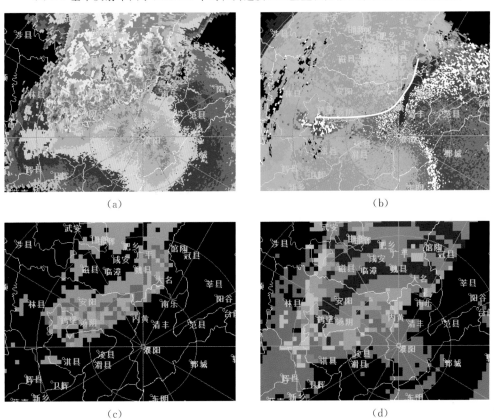

图 1.3.9　2009 年 5 月 16 日 20:29 濮阳雷达产品

(a)0.5°基本反射率因子,(b)0.5°平均径向速度,(c)垂直积分液态水含量,(d)回波顶高

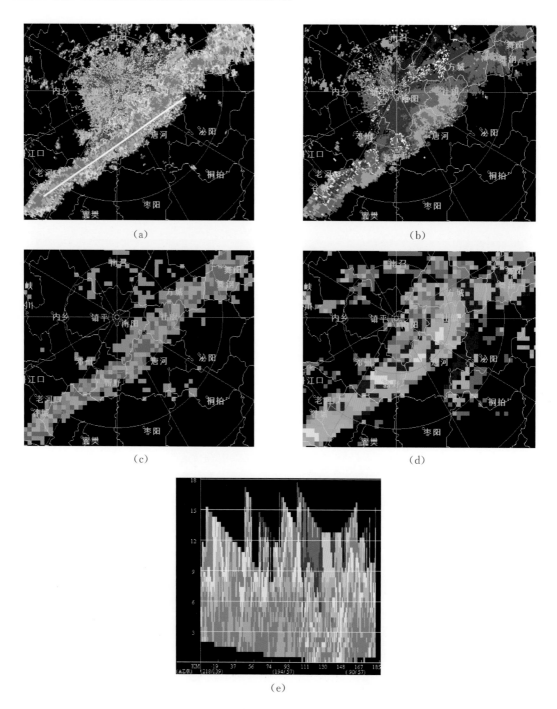

图1.3.10 2013年7月4日17:20南阳雷达产品
(a)1.5°基本反射率因子,(b)1.5°平均径向速度,(c)垂直积分液态水含量,(d)回波顶高,
(e)沿图(a)白线所示基本反射率因子剖面

1.4 超级单体风暴

超级单体风暴是对流风暴中组织程度最高、产生的天气最强烈的一种形态,与其他强风暴的本质区别在于超级单体风暴包含有一个持久深厚的中气旋。气旋尺度小于10 km,并满足或超过一定的旋转(切变)、垂直伸展和持续性判据。与一般单体相比,超级单体生命史更长,雷达回波上具有钩状回波BEWR、中气旋、沿入流区剖面图上的回波墙、弱回波区和前悬回波结构,90%以上的超级单体风暴能够产生强对流天气。超级单体风暴呈现出各种各样的雷达回波和视觉特征,依据对流性降水强度和空间

分布特征可以进一步将超级单体风暴分为经典超级单体风暴、强降水超级单体风暴和弱降水超级单体风暴。图1.4.1是3种超级单体风暴的概念模型(俞小鼎等,2006)。

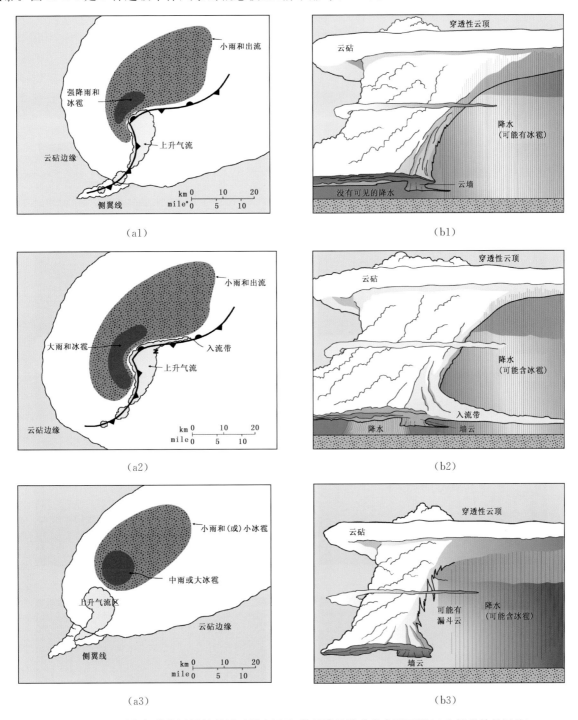

（a1） （b1）

（a2） （b2）

（a3） （b3）

图1.4.1　三种超级单体风暴的低层反射率因子、阵风锋及降水分布平面图(a)和视觉效果图(b)

（1、2、3分别为经典超级单体、强降水超级单体和弱降水超级单体）(引自俞小鼎等,2006)

1.4.1　经典超级单体

经典超级单体是最常见的超级单体风暴类型,当一个风暴加强到超级单体阶段,其上升气流变成竖

---

* 1 mile＝1.609344 km。

直的,回波顶移过低层反射率因子高梯度区而位于一个持续的有界弱回波区之上。经典超级单体经常是相对孤立的,经常有一个位于其右后方的低层钩状回波,入流区通常位于其右后侧。与经典超级单体风暴相伴随的强天气有龙卷、冰雹、下击暴流和强降水等(俞小鼎等,2006)。

2008 年 6 月 3 日 15:30 开封南部超级单体回波在西北气流引导下向东南方向移动,16:27 在周口西华附近演变为经典超级单体(图 1.4.2),基本反射率因子图上为明显的钩状回波,反射率因子剖面有弱回波区,回波顶超过低层反射率因子大梯度区位于弱回波区之上,高层有明显强回波悬挂,平均径向速度图上有明显中气旋。该超级单体造成西华黄泛区出现了 27.1 m/s 的雷暴大风、冰雹和短时强降水等灾害性强对流天气。

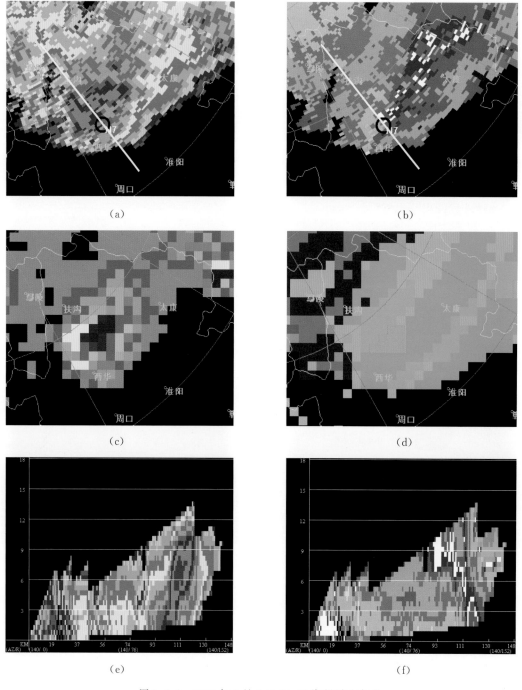

图 1.4.2 2008 年 6 月 3 日 16:27 郑州雷达产品
(a)1.5°基本反射率因子,(b)1.5°平均径向速度,(c)垂直积分液态水含量,(d)回波顶高,
(e)沿图(a)径向白线所示基本反射率因子剖面,(f)沿图(b)径向白线所示平均径向速度剖面

1.4.2　强降水超级单体

强降水超级单体通常发生在低层具有丰富的水汽、较低的自由对流高度和弱的对流前有逆温层顶盖的环境条件下,与强降水密切相关。强降水超级单体风暴包含一个宽广的高反射率因子(>50 dBz)的钩状回波区,中气旋常常被包裹在强降水区中,或者包含一个与弱回波区相联系的前侧 V 型槽口,前侧 V 型槽口往往表明一个前侧中气旋的存在。宽广的钩状、逗点状和涡旋状回波表明强降水包裹着中气旋,前侧 V 型槽口回波表明强的入流气流进入上升气流,后侧 V 型槽口回波表明有强的下沉气流,并有可能引起灾害大风。与强降水超级单体风暴相伴随的强天气有龙卷、冰雹、下击暴流和暴洪等(俞小鼎等,2006)。

盛夏受副热带高压边缘西南暖湿气流和中低层低涡切变线共同影响,中低层常有明显暖平流和充足的水汽,河南时常出现局地强降水超级单体。图 1.4.3 和图 1.4.4 分别是 2011 年 7 月 29 日 15:10 郑州雷达和 2009 年 8 月 28 日 15:18 驻马店雷达监测到的强降水超级单体。基本反射率因子前侧有明显弱回波区,平均径向速度图气旋位于宽广的弱回波区中,两次强降水超级单体分别造成武陟出现了 25 m/s 的雷暴大风、短时强降水以及罗山和光山 14—15 时分别出现了 80.6 mm 和 79.8 mm 的短时强降水。

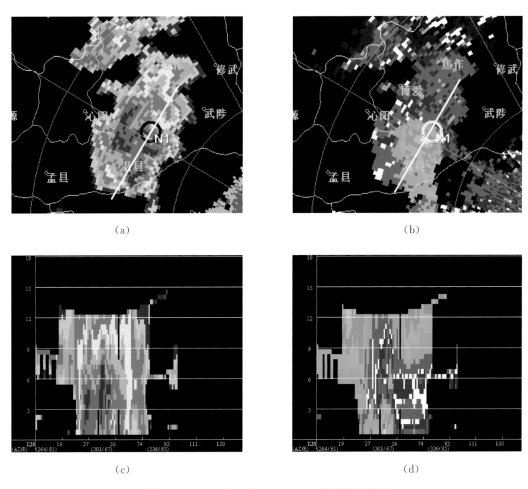

(a)　　　　　　　　　　　　　　　(b)

(c)　　　　　　　　　　　　　　　(d)

图 1.4.3　2011 年 7 月 29 日 15:10 郑州雷达产品

(a)1.5°基本反射率因子,(b)1.5°平均径向速度,(c)沿图(a)切向白线所示基本反射率剖面,

(d)沿图(b)切向白线所示平均径向速度剖面

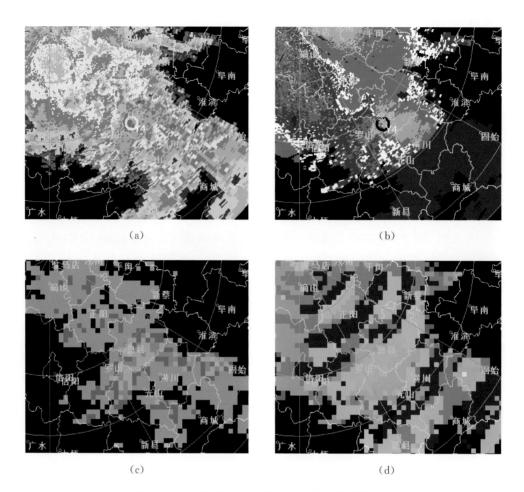

图 1.4.4 2009 年 8 月 28 日 15:18 驻马店雷达产品
(a)1.5°基本反射率因子,(b)1.5°平均径向速度,(c)垂直积分液态水含量,(d)回波顶高

1.4.3　弱降水超级单体

　　弱降水超级单体风暴出现的环境低层具有较低的湿度和较高的自由对流高度,几乎所有的弱降水超级单体都出现在露点锋附近。弱降水超级单体风暴的反射率因子相对较小,但往往包含大冰雹,降水粒子主要由大雨滴和冰雹而不是由无数小雨滴组成。有时在风暴的后侧,可探测到一个与中气旋相联系的弱回波区。与弱降水超级单体风暴相伴随的主要强天气为大冰雹,有时也会出现龙卷。弱降水超级单体可以演变为经典或强降水超级单体风暴,并产生各种强天气过程(俞小鼎等,2006)。

　　河南几乎没有典型弱降水超级单体,在西北气流干环境条件下,有时会出现一种超级单体,降水较弱,其形态特征和弱降水超级单体类似,尽管降水较弱,但仍比弱降水超级单体强,根据其形态和降水实况,将这样的超级单体称之为类弱降水超级单体。

　　如 2010 年 6 月 2 日 18 时,受华北低涡后部西北气流影响,河北南部对流降水回波向东南移动影响河南安阳,18:35 发展成为超级单体,随后进一步向东南方向移动,18:53 濮阳雷达产品上(图 1.4.5),安阳西侧弱降水超级单体回波强度在 50 dBz 左右,平均径向速度图上有明显中气旋,结合基本反射率因子剖面可以看出,中气旋位于对流回波前侧的弱回波区附近,这个类弱降水超级单体使得安阳观测站出现了雷暴大风、局地冰雹和 2 mm 的降水。

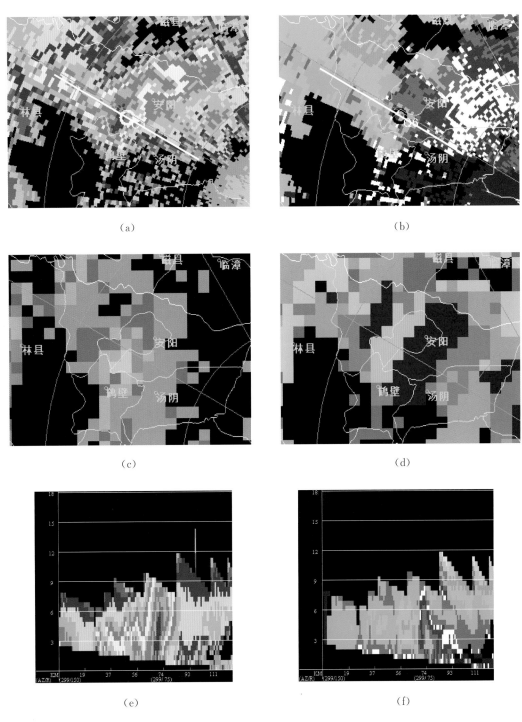

图 1.4.5　2010 年 6 月 2 日 18:53 濮阳雷达产品

(a)1.5°基本反射率因子,(b)1.5°平均径向速度,(c)垂直积分液态水含量,(d)回波顶高,

(e)沿图(a)径向白线所示基本反射率因子剖面,(f)沿图(b)径向白线所示平均径向速度剖面

第 2 章　河南省不同类别强对流天气雷达回波特征

　　强对流风暴能够产生雷暴大风、冰雹、龙卷和强降水等多种灾害天气,由对流造成的灾害天气一般指的是下沉气流造成的地面阵风速度超过 17 m/s 的雷暴大风、任何形式的龙卷、直径超过 2 cm 的冰雹以及短时强降水。河南强对流天气主要指夏半年(每年 4—10 月)伴随阵雨和雷阵雨天气而出现的 17 m/s 及以上的雷暴大风、任意尺寸的冰雹,致灾短时强降水和任意级别的龙卷。本章在参考美国不同强对流天气雷达回波特征的基础上,结合中纬度河南省强对流天气特点,展现河南省不同类别强对流天气的雷达回波特征,找出不同种类强对流天气的预警着眼点,本章最后归纳出了河南省分类强对流天气的雷达监测预警指标。

2.1　雷暴大风

　　雷暴大风是对流风暴产生的龙卷以外的地面直线型大风。一般强风暴(超级单体或多单体风暴),或与飑线强锋面有关的带状对流中处于成熟阶段的单体中的下沉气流,在近地面处向水平方向扩散,常常形成辐散性的阵风,即所谓雷暴大风。雷暴大风的产生主要有三种方式:一是对流风暴中的下沉气流达到地面时产生辐散,直接造成地面大风。二是对流风暴下沉气流由于降水蒸发冷却在到达地面时形成一个冷空气堆向四面扩散,冷空气堆与周围暖湿气流的界面之间形成阵风锋,阵风锋的推进和过境而导致大风。另外,低空暖湿入流在快要进入上升气流区时受到上升气流区的抽吸作用而加速,导致地面大风。形成雷暴大风的主要因素有强的下沉气流、下沉气流构成冷池前沿的阵风锋和快速移动的对流系统中的动量下传等。

　　在较弱的垂直风切变环境条件下孤立单体风暴和脉冲风暴可造成下击暴流(图 2.1.1)和雷暴大风,中等以上垂直风切变环境下多单体强风暴、超级单体风暴和飑线可导致区域性雷暴大风(图 2.1.2)。弓形回波是产生地面非龙卷雷暴大风的典型回波(俞小鼎等,2006)。

　　雷暴大风是河南出现比较多的一种强对流天气,从近年来河南新一代天气雷达监测产品看,河南雷暴大风有局地雷暴大风和区域性雷暴大风,局地雷暴大风主要由局地发展的单体、多单体强风暴和超级单体风暴等而造成,区域性雷暴大风主要由飑线、弓形回波、强风暴外流边界等造成。另外,在区域性强暴雨过程中也会出现局地甚至大范围雷暴大风。雷达回波上,河南雷暴大风主要表现为快速移动(移速 ≥50 km/h)的飑线带状回波,弓形回波,后侧入流急流(风暴后侧低仰角径向大风区),中层径向辐合 MARC,中气旋,辐散等特征。总的来看,造成河南省雷暴大风的雷达回波主要有以下几种:脉冲风暴、多单体风暴(包括团状多单体、线状多单体和混合降水中的多单体)、超级单体风暴、飑线和弓形回波(包括经典弓形、弓形复合体、单体弓形和波状弓形)以及出流边界等。

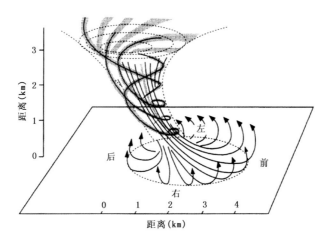

图 2.1.1　微下击暴流三维结构示意图,包括空中的辐合、旋转的下沉气流和
地面附近的辐散(引自俞小鼎等,2006)

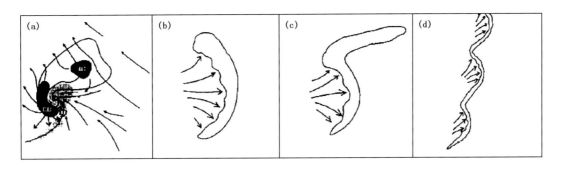

图 2.1.2　(a)超级单体流场示意图,显示前侧下沉气流和后侧下沉气流;(b)与相对大的弓形回波相伴
随的下沉气流示意图;(c)与波状回波相伴随的下沉气流示意图;(d)含有弓形回波和波状回波的长飑线
的下沉气流示意图(引自俞小鼎等,2006)

2.1.1　脉冲风暴

　　脉冲风暴是发展迅速的强风暴,它产生在较弱的垂直风切变环境条件下,同时低层具有较厚的湿层和高的垂直不稳定性。脉冲风暴尽管具有单个单体特征,但很少有真正单个单体出现。多普勒天气雷达回波速度场特征包括风暴顶强辐散气流,云底附近或其以上的强辐合气流,如果脉冲风暴产生下击暴流,近地面强辐散信号对应于地面强风。中层(2~7 km)强辐合与近地面强外流气流有关,近地面最强外流气流的位置常在中层最强辐合中心的下方。云底之上的强辐合可作为下击暴流发生的前兆(俞小鼎等,2006)。

　　图 2.1.3、2.1.4、2.1.5 分别是 2007 年 8 月 9 日郑州雷达、2011 年 7 月 10 日濮阳雷达和 2013 年 8 月 14 日南阳雷达监测到的三次脉冲风暴,对应的三次下击暴流均出现在雷达站周围 50 km 内(受波束中心高度随距离增加而升高的局限,远距离的下击暴流难以监测到)。基本反射率因子图上有局地对流回波生成并发展,对应低仰角平均径向速度图上近地面有强辐散(图 2.1.3(b)、2.1.4(b)和 2.1.5(b)),随着下沉气流进一步下降,辐散型流场的范围进一步扩大(图 2.1.4(d)和 2.1.5(f))。如 2013 年 8 月 14 日 17:14 南阳唐河附近有块状对流回波生成(图 2.1.5),垂直剖面上 60 dBz 的强回波位于 4~9 km,径向速度剖面图上 3~9 km 处有深层径向辐合(MARC),10~13 km 高度有风暴顶辐散。17:44 速度图上出现强辐散,17:57 辐散范围进一步扩大。三次脉冲风暴均造成了地面雷暴大风和短时强降水,2011 年 7 月 10 日清丰和 2013 年 8 月 14 日唐河还出现了小冰雹。

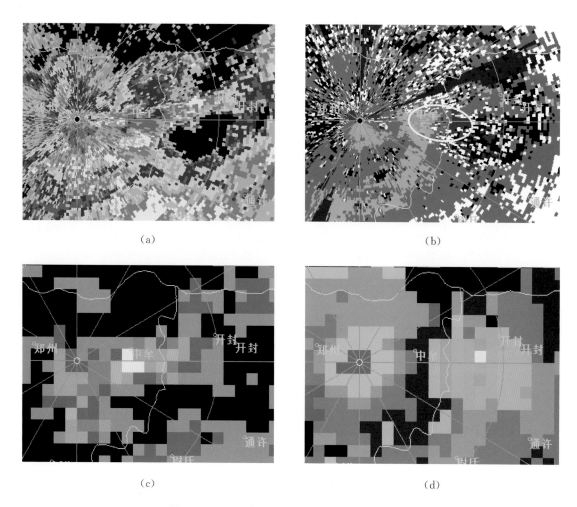

(a)　　　　　　　　　　　　　　　(b)

(c)　　　　　　　　　　　　　　　(d)

图 2.1.3　2007 年 8 月 9 日 17:20 郑州雷达产品
(a)1.5°基本反射率因子,(b)1.5°平均径向速度,(c)垂直积分液态水含量,(d)回波顶高

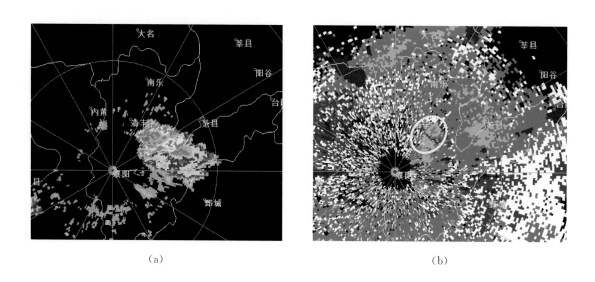

(a)　　　　　　　　　　　　　　　(b)

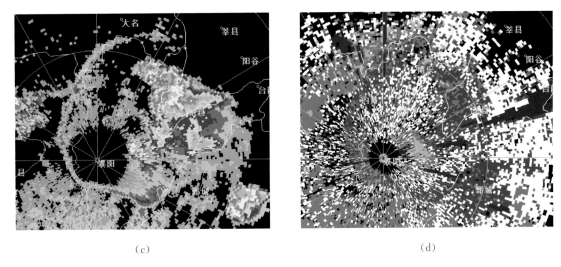

（c）   （d）

图 2.1.4　2011 年 7 月 10 日濮阳雷达产品

（a）13:40 4.3°基本反射率因子，（b）13:40 0.5°平均径向速度，

（c）14:41 1.5°基本反射率因子，（d）14:41 0.5°平均径向速度

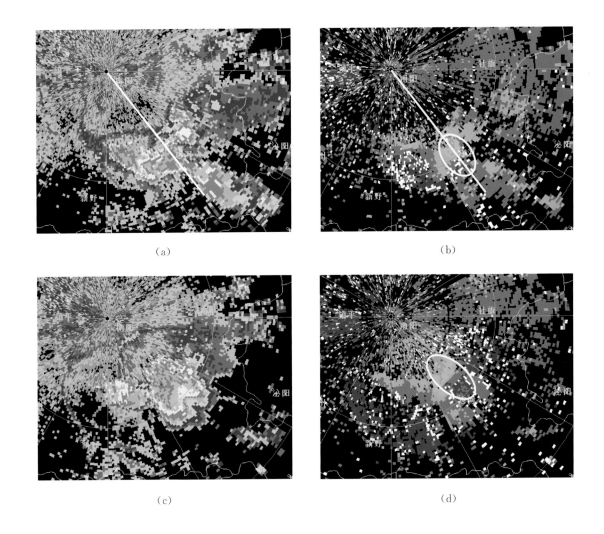

（a）   （b）

（c）   （d）

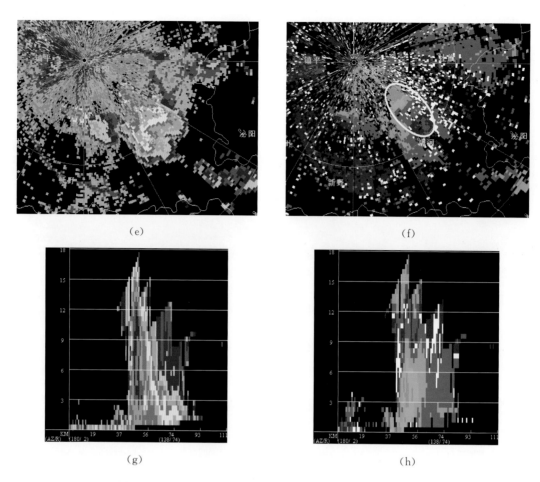

图 2.1.5　2013 年 8 月 14 日南阳雷达产品(a—f 仰角为 0.5°)
(a)、(b)分别为 17:14 1.5°基本反射率因子、0.5°平均径向速度，(c)、(d)分别为 17:44 1.5°基本反射
率因子、0.5°平均径向速度，(e)、(f)分别为 17:57 1.5°基本反射率因子、0.5°平均径向速度，(g)沿图
(a)径向白线所示基本反射率因子剖面，(h)沿图(b)径向白线所示平均径向速度剖面

　　探测到地面辐散特征距下击暴流产生往往只有几分钟或十几分钟的提前量，因此，当探测到近地面
辐散特征时，也很难对脉冲风暴进行有效预警。实时业务中预警脉冲风暴有效的方法是要注意初始对
流回波的高度和最大回波强度所在的高度，若 55～60 dBz 的强回波位于较高的高度时，可以推断将产生
脉冲风暴。

2.1.2　多单体强风暴

　　除了 1.2 节经典多单体风暴外，河南雷暴大风以其他形式出现的多单体风暴较多，主要表现为团状
多单体、线状多单体和混合降水中的多单体强风暴。多单体回波的部分或局地强回波可发展成为强风
暴，从而产生雷暴大风、短时强降水和局地冰雹等强对流天气。

2.1.2.1　团状多单体

　　图 2.1.6—2.1.8 分别为 2011 年 7 月 26 日驻马店雷达、2013 年 7 月 8 日 18:45 郑州雷达和 2010 年
6 月 20 日 15:50 三门峡雷达监测到的团状形式的多单体风暴。部分图中给出了平均径向速度、垂直积
分液态水含量和回波顶高等产品。可以看出多个块状单体结构明显，回波强度多在 50 dBz 以上，单体在
发展演变过程中会发生合并加强，垂直积分液态水含量和回波顶高产品梯度大，部分单体发展旺盛，
50 dBz 的强回波高度通常高达 6 km，回波顶高达 12 km 以上，可造成短时大风、强降水，局地伴有冰雹等
强对流天气，特别是豫西山区有多单体发展时(如图 2.1.8)，由于海拔高度较高，发展旺盛的对流回波出
现冰雹的可能性较大。

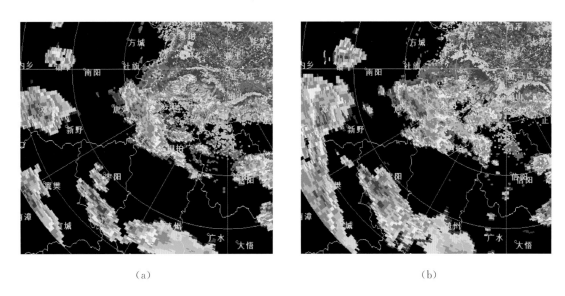

（a）
（b）

图 2.1.6　2011 年 7 月 26 日驻马店雷达产品
（a）、（b）分别为 15:22、15:41 1.5°基本反射率因子

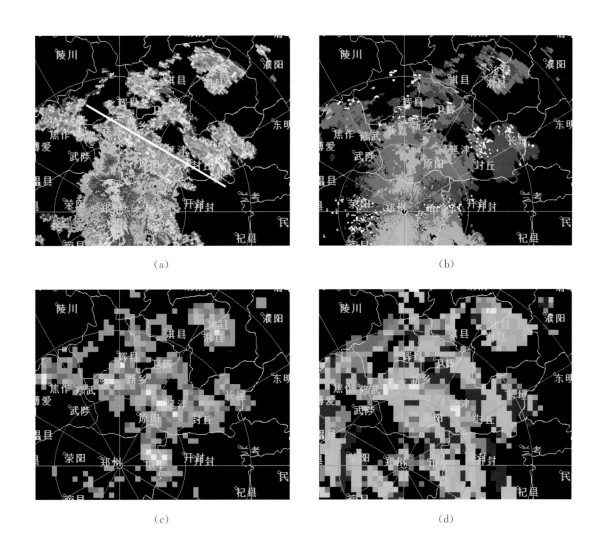

（a）
（b）
（c）
（d）

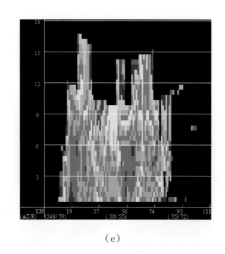

(e)

图 2.1.7　2013 年 7 月 8 日 18:45 郑州雷达产品

(a)1.5°基本反射率因子,(b)1.5°平均径向速度,(c)垂直积分液态水含量,(d)回波顶高,
(e)沿图(a)白线方向基本反射率因子剖面

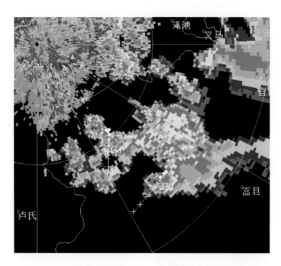

图 2.1.8　2010 年 6 月 20 日 15:50 三门峡雷达 2.4°基本反射率因子

2.1.2.2　线状多单体

　　图 2.1.9—2.1.12 分别为 2011 年 7 月 26 日、2011 年 7 月 29 日、2013 年 8 月 7 日郑州雷达和 2009 年 6 月 6 日驻马店雷达监测到的线状排列的多单体风暴,线状排列的多个单体回波相对比较独立,部分单体对流发展旺盛,可造成雷暴大风、局地冰雹和短时强降水。线状形式的多单体风暴在发展演变过程中有时可转化成有组织的飑线。

2.1.2.3　混合降水中的强风暴

　　混合降水中的强对流风暴多发生在西南气流形势下,特别是降水过程前期,回波强度强,在 50～55 dBz,平均径向速度图上有辐合特征,垂直积分液态水含量常达 45 kg/m²,甚至可达 60～70 kg/m²,在高温高湿环境条件下,积云对流发展非常旺盛,回波顶高多达 12 km 以上,有时达到 15～18 km,50 dBz 的强回波可发展至 6～9 km,但无明显强回波悬挂结构,因此,少有冰雹产生或局地有小冰雹。混合降水中的强风暴降水强度大,效率高并伴有局地短时雷暴大风。图 2.1.13—2.1.15 即是近年来混合降水回波中局地或多站发生雷暴大风的例子。

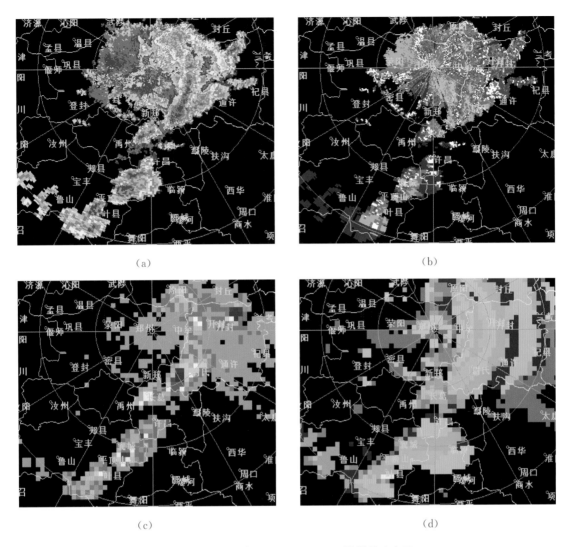

(a)   (b)

(c)   (d)

图 2.1.9　2011 年 7 月 26 日 15:52 郑州雷达产品

(a)1.5°基本反射率因子,(b)1.5°平均径向速度,(c)垂直积分液态水含量,(d)回波顶高

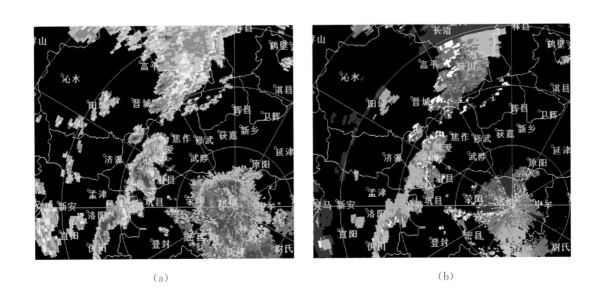

（a）   （b）

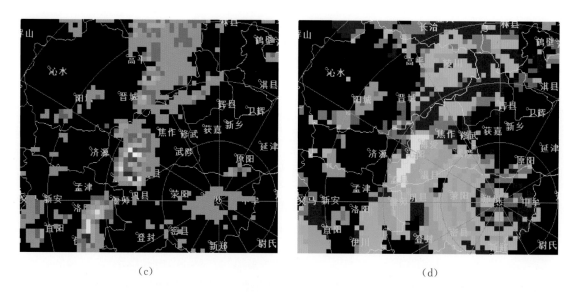

(c)　　　　　　　　　　　　　　　　　(d)

图 2.1.10　2011 年 7 月 29 日 14:46 郑州雷达产品

(a)1.5°基本反射率因子,(b)1.5°平均径向速度,(c)垂直积分液态水含量,(d)回波顶高

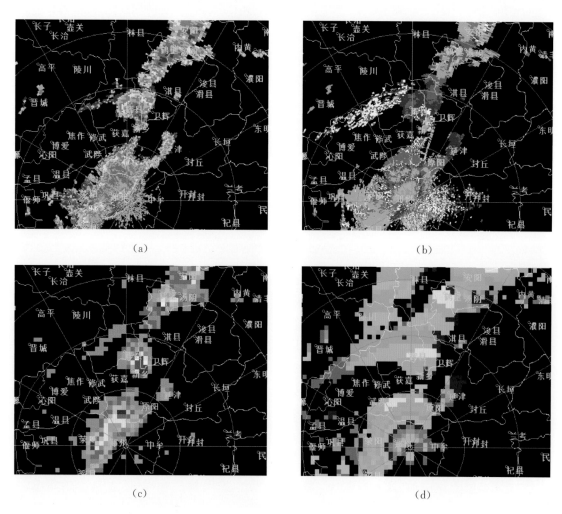

(a)　　　　　　　　　　　　　　　　　(b)

(c)　　　　　　　　　　　　　　　　　(d)

图 2.1.11　2013 年 8 月 7 日 17:13 郑州雷达产品

(a)1.5°基本反射率因子,(b)1.5°平均径向速度,(c)垂直积分液态水含量,(d)回波顶高

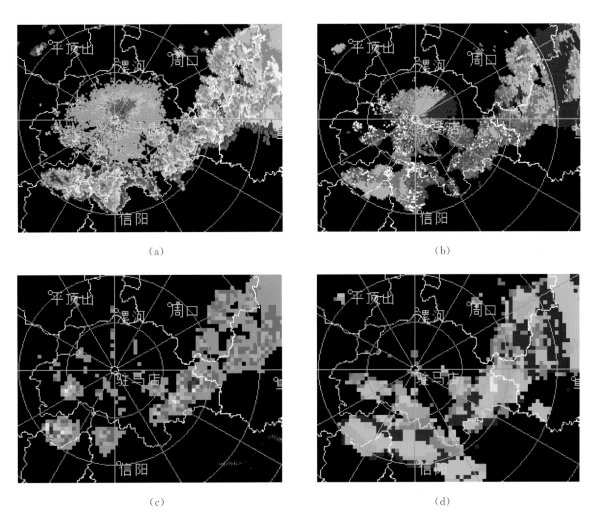

(a)　　　　　　　　　　　　　　(b)

(c)　　　　　　　　　　　　　　(d)

图 2.1.12　2009 年 6 月 6 日 15:44 驻马店雷达产品

(a)1.5°基本反射率因子,(b)1.5°平均径向速度,(c)垂直积分液态水含量,(d)回波顶高

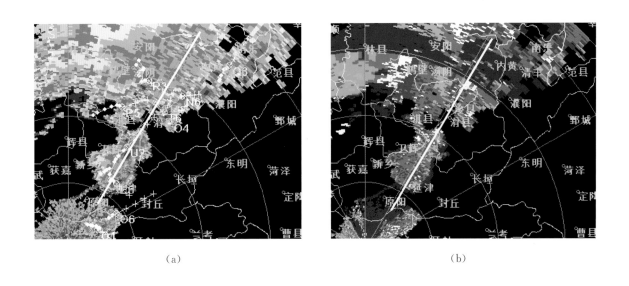

(a)　　　　　　　　　　　　　　(b)

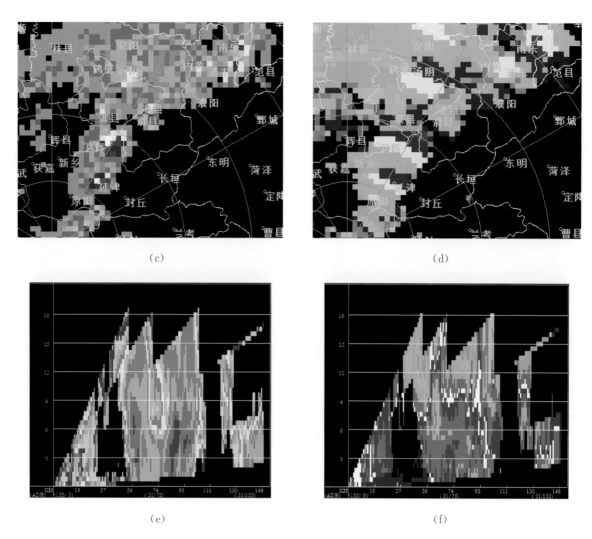

（c）　　　　　　　　　　　　　　（d）

（e）　　　　　　　　　　　　　　（f）

图 2.1.13　2010 年 8 月 4 日 18：12 郑州雷达产品

（a）1.5°基本反射率因子,（b）1.5°平均径向速度,（c）垂直积分液态水含量,（d）回波顶高,

（e）沿图（a）径向白线所示基本反射率因子剖面,（f）沿图（b）径向白线所示平均径向速度剖面

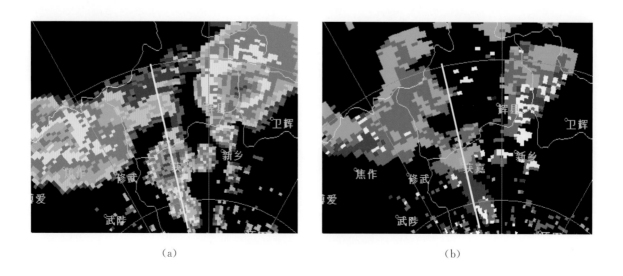

（a）　　　　　　　　　　　　　　（b）

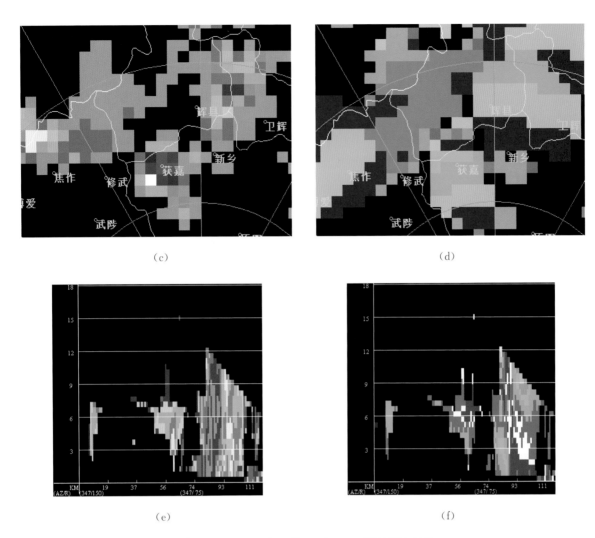

（c）　　　　　　　　　　　　　　　　（d）

（e）　　　　　　　　　　　　　　　　（f）

图 2.1.14　2007 年 8 月 14 日 14:37 郑州雷达产品
（a)1.5°基本反射率因子,（b)1.5°平均径向速度,（c)垂直积分液态水含量,（d)回波顶高,
（e)沿图（a)径向白线所示基本反射率因子剖面,（f)沿图（b)径向白线所示平均径向速度剖面

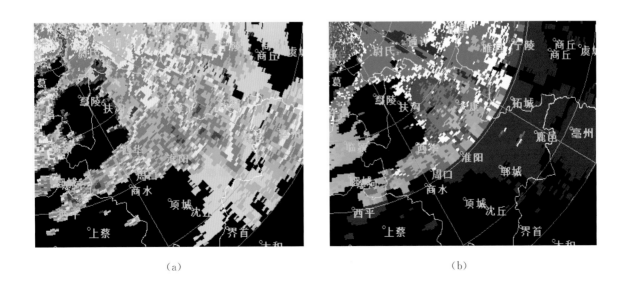

（a）　　　　　　　　　　　　　　　　（b）

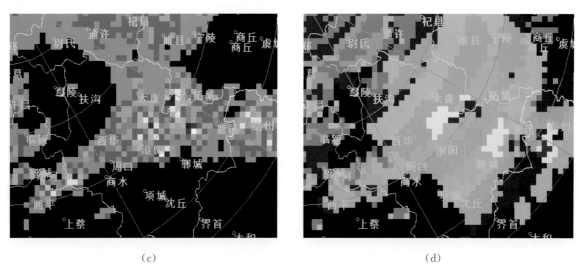

（c）　　　　　　　　　　　　　（d）

图 2.1.15　2012 年 7 月 04 日 14:41 濮阳雷达产品

（a）1.5°基本反射率因子，（b）1.5°平均径向速度，（c）垂直积分液态水含量，（d）回波顶高

　　有时，混合降水回波中，特别是降水回波的前沿有局地对流云发展，回波强度达 55～60 dBz，垂直剖面有深层径向辐合、风暴顶辐散结构特征，如图 2.1.16—图 2.1.20 中的强对流回波附近伴随短时强降水的发生均出现了雷暴大风天气。

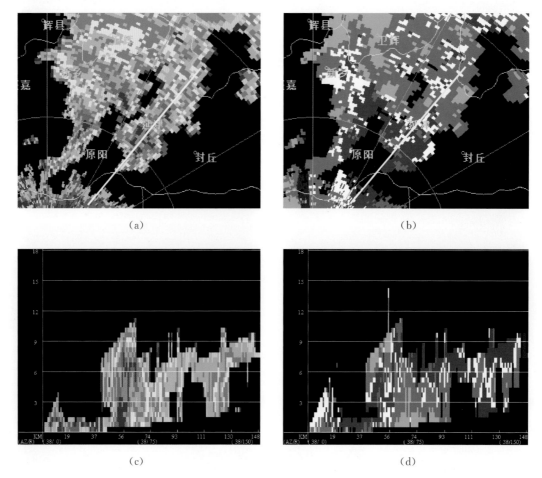

（a）　　　　　　　　　　　　　（b）

（c）　　　　　　　　　　　　　（d）

图 2.1.16　2013 年 6 月 11 日 17:05 濮阳雷达产品

（a）2.4°基本反射率因子，（b）2.4°平均径向速度，（c）沿图（a）径向白线所示基本反射率因子剖面，
（d）沿图（b）径向白线所示平均径向速度剖面

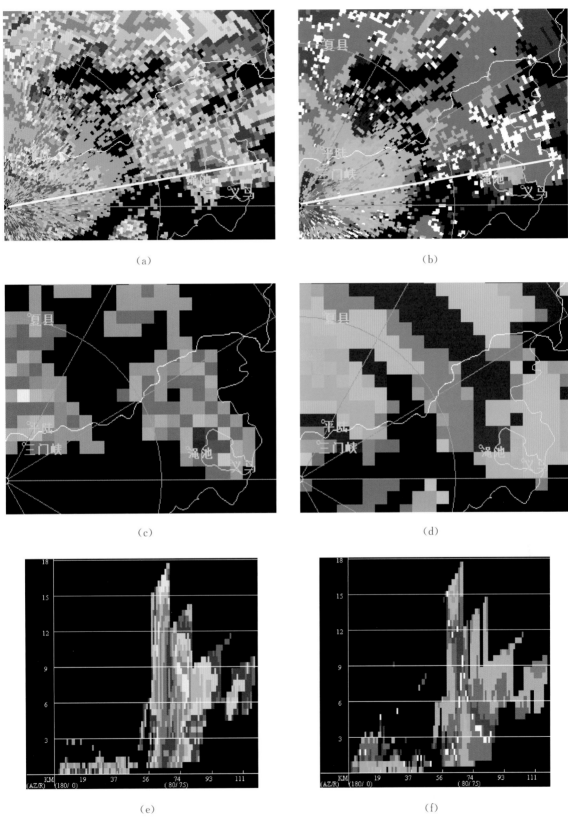

图 2.1.17 2013 年 8 月 1 日 00:10 三门峡雷达产品

(a)1.5°基本反射率因子,(b)1.5°平均径向速度,(c)垂直积分液态水含量,(d)回波顶高,

(e)沿图(a)径向白线所示基本反射率因子剖面,(f)沿图(b)径向白线所示平均径向速度剖面

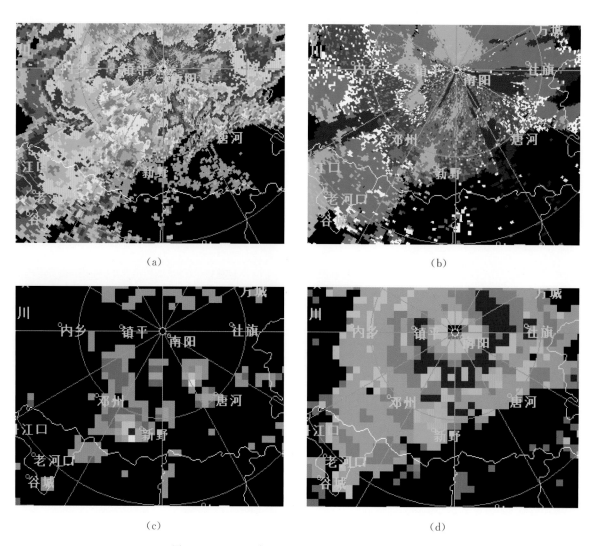

(a)   (b)

(c)   (d)

图 2.1.18　2011 年 6 月 9 日 14:35 南阳雷达产品
(a)1.5°基本反射率因子,(b)1.5°平均径向速度,(c)垂直积分液态水含量,(d)回波顶高

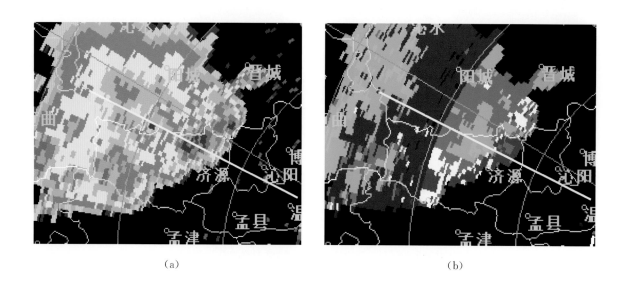

(a)   (b)

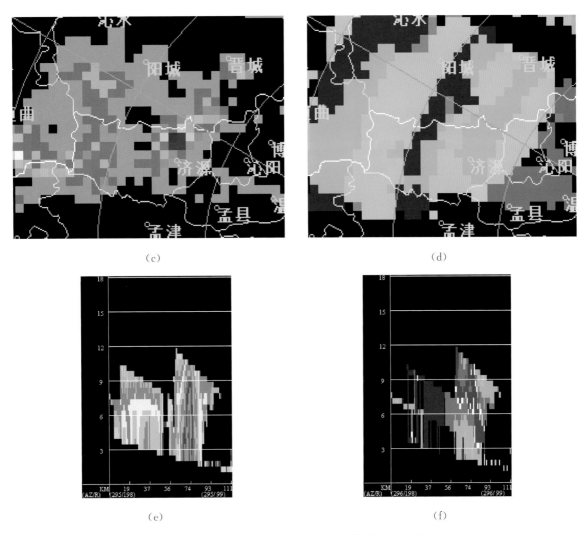

(c)　　　　　　　　　　　　　　　(d)

(e)　　　　　　　　　　　　　　　(f)

图 2.1.19　2007 年 8 月 3 日 18:28 郑州雷达产品

(a)1.5°基本反射率因子,(b)1.5°平均径向速度,(c)垂直积分液态水含量,(d)回波顶高,

(e)沿图(a)径向白线所示基本反射因子剖面,(f)沿图(b)径向白线所示平均径向速度剖面

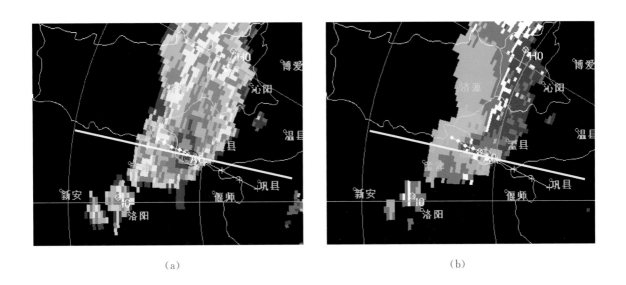

(a)　　　　　　　　　　　　　　　(b)

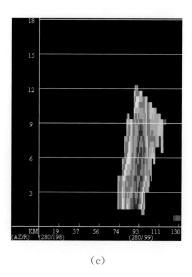

（c）

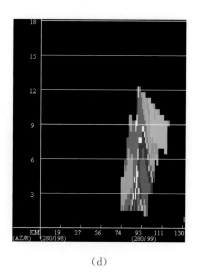

（d）

图 2.1.20　2010 年 9 月 4 日 07:17 郑州雷达产品
（a）1.5°基本反射率因子,（b）1.5°平均径向速度,（c）沿图（a）径向白线方向基本反射率因子剖面,
（d）沿图（b）径向白线所示平均径向速度剖面

2.1.3　超级单体风暴

　　超级单体风暴与其他强风暴的本质区别在于超级单体风暴含有一个持续深厚的中气旋。中气旋是与强对流风暴的上升气流和后侧下沉气流紧密相联的小尺度涡旋。近几年河南雷达监测表明,出现中气旋绝大多数都造成雷暴大风、冰雹和强降水等灾害性强对流天气。中气旋是超级单体风暴的特征,除了第 1 章所述典型的经典超级单体、强降水超级单体和弱降水超级单体外,图 2.1.21—图 2.1.26 也是近年来新一代天气雷达监测到的比较典型的超级单体风暴,这些伴有中气旋的超级单体或者相对孤立的存在,或者存在于混合降水回波中(线状对流或飑线中镶嵌的超级单体和大范围区域暴雨中的超级单体见后面章节)。中气旋多出现在强回波前侧的入流区中,沿低层入流方向基本反射率因子剖面常有弱回波区 WER 或有界弱回波区 BWER,WER 或 BWER 之上有较强回波悬挂。平均径向速度图上有明显中气旋,径向速度剖面有深层径向辐合 MARC 和高层辐散特征。这些超级单体风暴都造成了灾害性雷暴大风天气(部分超级单体还产生了冰雹、短时强降水等)。

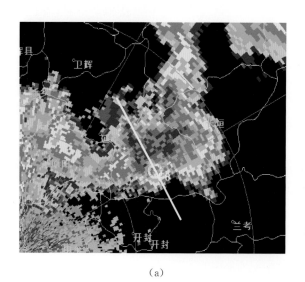

（a）

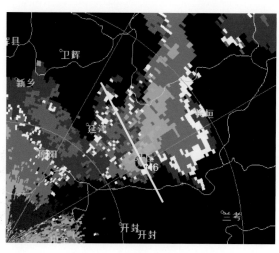

（b）

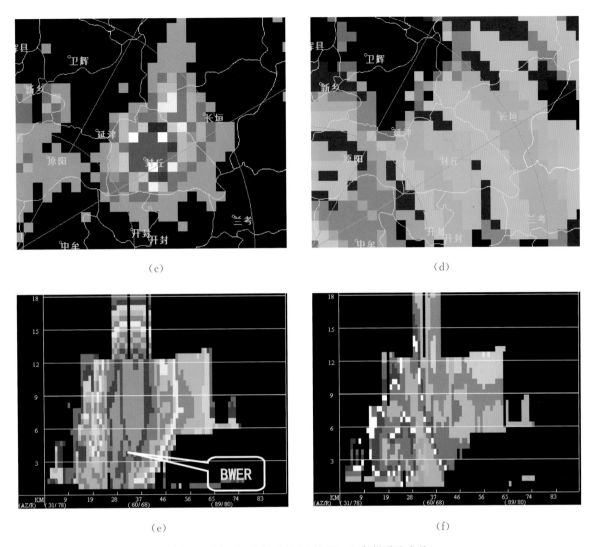

（c）　　　　　　　　　　　　　　　　（d）

（e）　　　　　　　　　　　　　　　　（f）

图 2.1.21　2009 年 6 月 14 日 17:48 郑州雷达产品

（a）1.5°基本反射率因子，（b）1.5°平均径向速度，（c）垂直积分液态水含量，（d）回波顶高，

（e）沿图（a）切向白线所示基本反射率因子剖面，（f）沿图（b）切向白线所示平均径向速度剖面

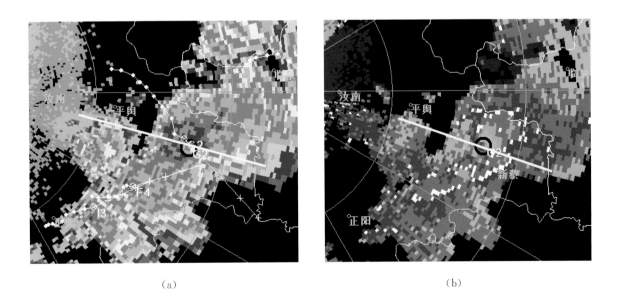

（a）　　　　　　　　　　　　　　　　（b）

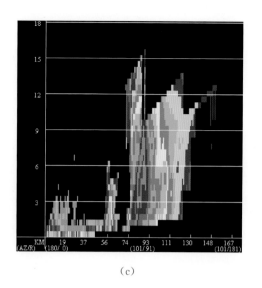 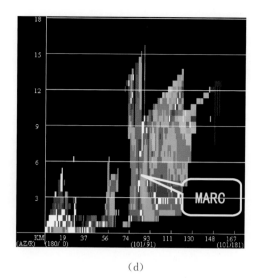

（c）   （d）

图 2.1.22　2009 年 6 月 6 日 15:50 郑州雷达产品
（a）2.4°基本反射率因子,（b）2.4°平均径向速度,（c）沿图（a）径向白线所示基本反射率因子剖面,
（d）沿图（b）径向白线所示平均径向速度剖面

 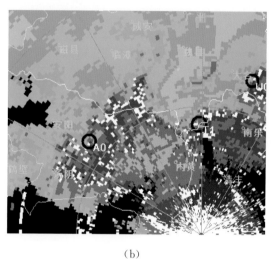

（a）   （b）

图 2.1.23　2008 年 6 月 25 日 18:06 濮阳雷达产品
（a）1.5°基本反射率因子,（b）1.5°平均径向速度

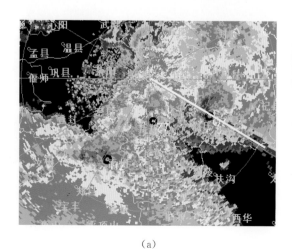 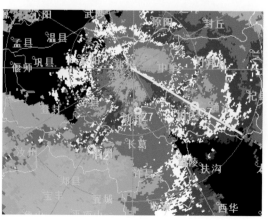

（a）   （b）

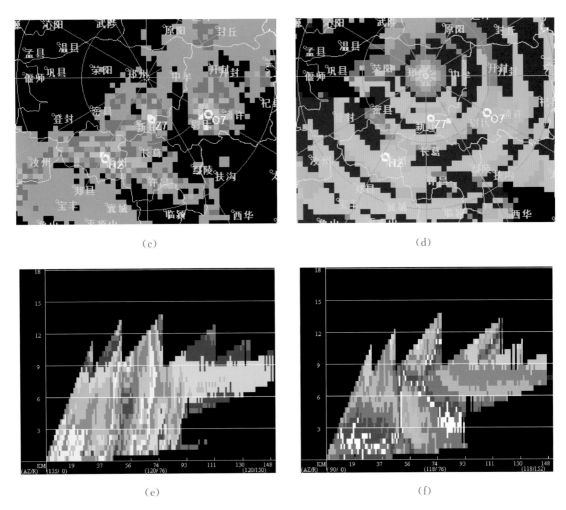

图 2.1.24　2009 年 5 月 17 日 19:34 郑州雷达产品

(a)2.4°基本反射率因子,(b)2.4°平均径向速度,(c)垂直积分液态水含量,(d)回波顶高,

(e)沿图(a)径向白线所示基本反射率因子剖面,(f)沿图(b)径向白线所示平均径向速度剖面

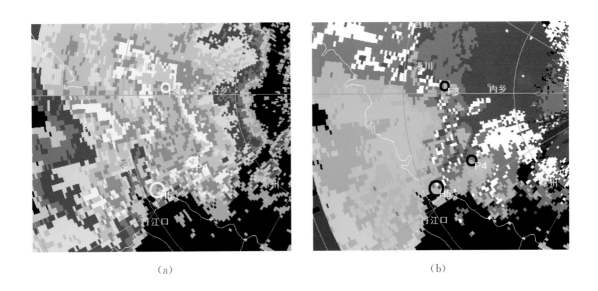

（a）　　　　　　　　　　　　　　　　（b）

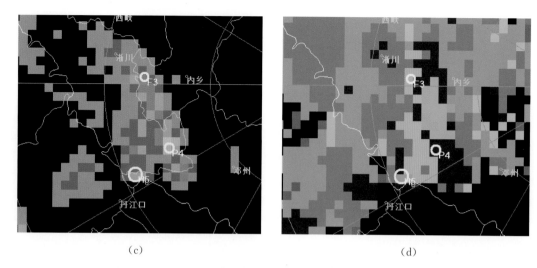

(c)   (d)

图 2.1.25　2011 年 6 月 9 日 13:22 南阳雷达产品
(a)2.4°基本反射率因子,(b)2.4°平均径向速度,(c)垂直积分液态水含量,(d)回波顶高

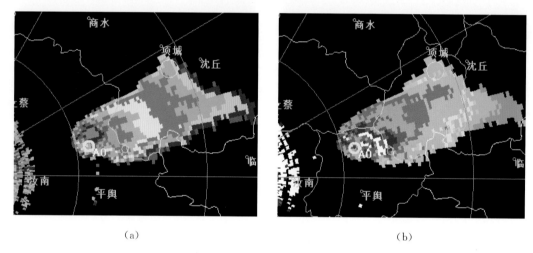

(a)   (b)

图 2.1.26　2012 年 5 月 16 日 18:37 驻马店雷达产品
(a)6.0°基本反射率因子,(b)6.0°平均径向速度

2.1.4　飑线、弓形回波

　　飑线可导致区域性雷暴大风,飑线形成的大风在第 1 章已有较多图像和阐述,值得一提的是并非所有的飑线都产生区域性雷暴大风。本节重点讨论和展示弓形回波,弓形回波是产生地面非龙卷雷暴大风的典型回波,从图 2.1.27 弓形回波概念模型看,弓形回波北端的气旋式旋转和南端的反气旋式旋转是弓形回波的重要特征,弓形回波可由下击暴流引起,弓形回波是地面大风的前奏,也可引发下击暴流,强烈的下沉气流及其导致的强烈的地面冷池对弓形回波的初始发展至关重要,弓形回波一旦形成,其相应的中尺度风场和对流结构特征将进一步加强和延长灾害性大风事件的强度和生命期。

　　弓形回波的概念包括的范围很广,通常把反射率因子特征比较明显的弓形回波称为"显著弓形回波"(图 2.1.28),"显著弓形回波"有如下特征:①弓形回波前沿(入流一侧)存在高反射率因子梯度区,②弓形回波入流一侧存在弱回波区 WER(早期阶段),③回波顶位于 WER 或高反射率因子梯度区之上,④弓形回波的后侧存在弱回波通道或后侧入流缺口 RIN,表明存在强的下沉后侧入流急流。"显著弓形回波"的出现意味着比普通弓形回波灾害潜势增加(俞小鼎等,2006)。

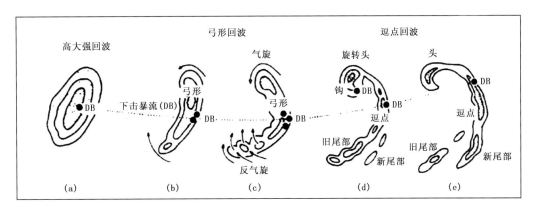

图 2.1.27　弓形回波演变与下击暴流关系的示意图,图中下击暴流标为 DB(引自俞小鼎等,2006)

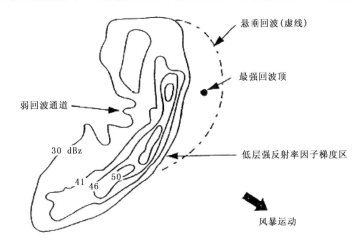

图 2.1.28　显著弓形回波的反射率因子特征(引自俞小鼎等,2006)

弓形回波有多种形态和类型,弓形回波可归纳为经典弓形回波、弓形回波复合体、单体弓形回波和飑线型或线性波形弓形回波(图 2.1.29)。河南新一代天气雷达监测的弓形回波和上述四种形态比较一致。

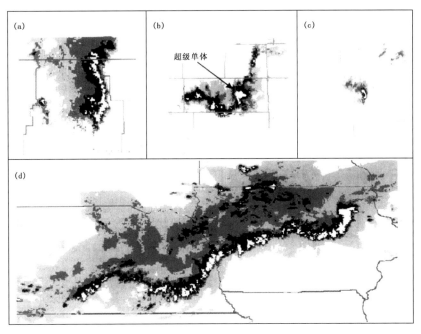

图 2.1.29　弓形回波的四种形态:(a)经典弓形回波,(b)弓形回波复合体,
(c)单体弓形回波,(d)飑线型或线性波形弓形回波(引自俞小鼎等,2006)

2.1.4.1 经典弓形回波

图 2.1.30—图 2.1.33 是河南新一代天气雷达监测到的几次比较经典的弓形回波,都造成了严重的雷暴大风灾害。受华北低涡后部偏北气流影响,2008 年 6 月 3 日豫北出现弓形回波(图 2.1.30),近东西向的弓形回波受偏北气流影响自北向南略偏东方向移动影响河南北中部地区。图 2.1.31 中 2009 年 6 月 3 日成熟飑线的南段在商丘表现为比较典型的弓形回波,东北—西南向的弓形回波在西北气流引导下自西北向东南方向移动影响河南商丘和苏皖北部,商丘出现了区域雷暴大风,部分县市风速超过历史极值。2013 年 8 月 1 日凌晨发生在焦作、济源和洛阳东部的弓形回波(图 2.1.32)发生在弱西北气流向槽前西南气流转化的形势下,该弓形回波呈南北走向并自西向东移动,使得豫西北出现了大范围的雷暴大风天气,由于 7 月 31 日后半夜逐渐转受西南气流影响,该弓形回波的持续时间相对较短。受槽前西南气流和中低空急流影响,2013 年 8 月 1 日下午豫南再次出现弓形回波(图 2.1.33),该弓形回波呈西北—东南走向,在西南气流引导下自西西南向东东北方向移动,使得驻马店、周口两地区出现了大范围雷暴大风天气。尽管上述四例弓形回波出现在不同的天气形势下,但弓形回波仍有一些共性特征,部分特征和显著弓形回波相似。基本反射率因子图上,弓形回波前沿(入流一侧)存在高反射率因子梯度区,垂直剖面图上弓形回波前端的强回波具有弱的倾斜结构,回波顶位于 WER 或高反射率因子梯度区之上,弓形回波的后侧存在弱回波通道,平均径向速度图上有明显的大风区(甚至模糊区),表明存在强的下沉后侧入流急流。经典弓形回波移速较快,常出现区域性致灾雷暴大风等强对流天气。

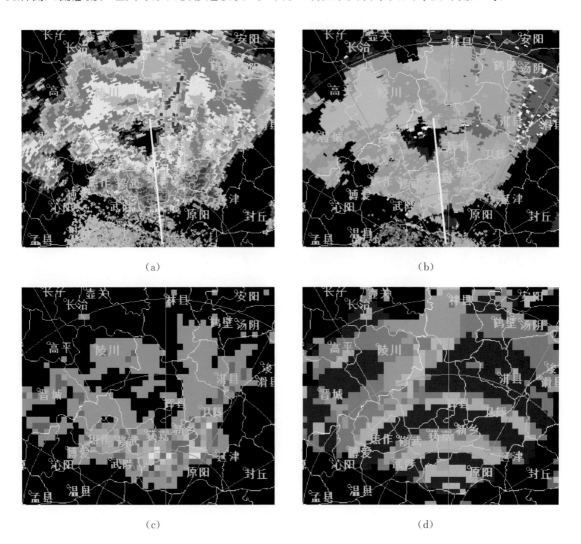

(a)   (b)

(c)   (d)

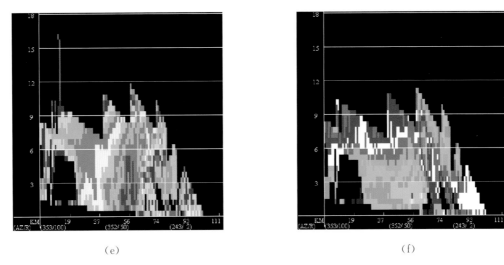

（e） （f）

图 2.1.30 2008 年 6 月 3 日 14:31 郑州雷达产品

(a)1.5°基本反射率因子,(b)1.5°平均径向速度,(c)垂直积分液态水含量,(d)回波顶高,
(e)沿图(a)径向白线所示基本反射率因子剖面,(f)沿图(b)径向白线所示平均径向速度剖面

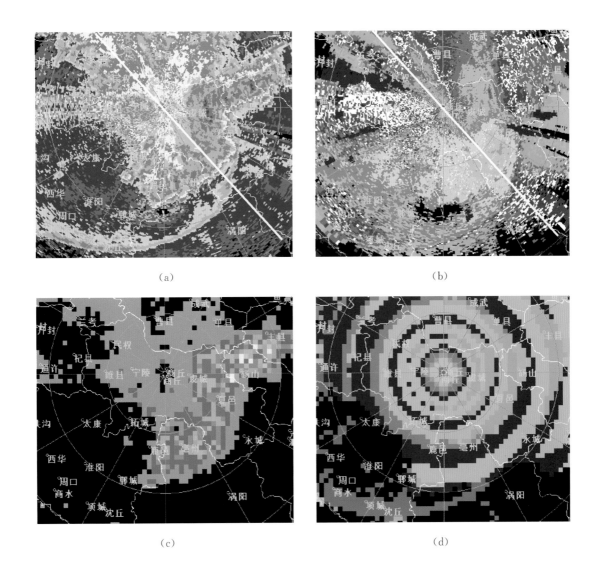

（a） （b）

（c） （d）

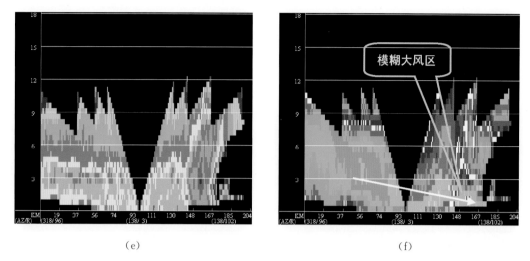

(e)　　　　　　　　　　　　　　　　　　　(f)

图 2.1.31　2009 年 6 月 3 日 22:15 商丘雷达产品
(a)0.5°基本反射率因子,(b)0.5°平均径向速度,(c)垂直积分液态水含量,(d)回波顶高,
(e)沿图(a)白线所示基本反射率因子剖面,(f)沿图(b)白线所示平均径向速度剖面

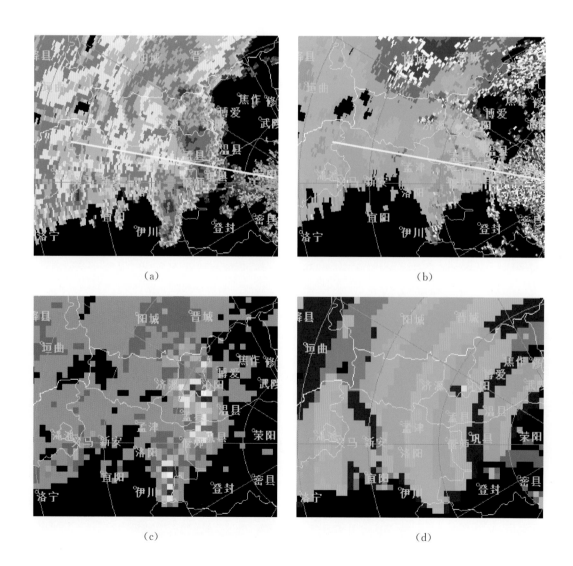

(a)　　　　　　　　　　　　　　　　　　　(b)

(c)　　　　　　　　　　　　　　　　　　　(d)

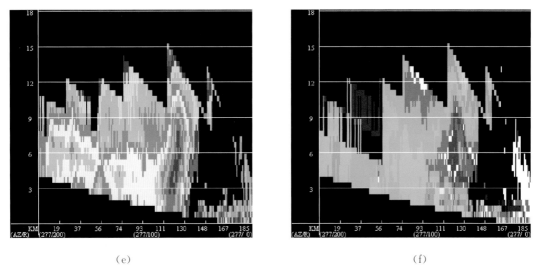

（e） （f）

图 2.1.32 2013 年 8 月 1 日 03:19 郑州雷达产品

(a)1.5°基本反射率因子,(b)1.5°平均径向速度,(c)垂直积分液态水含量,(d)回波顶高,
(e)沿图(a)径向白线所示基本反射率因子剖面,(f)沿图(b)径向白线所示平均径向速度剖面

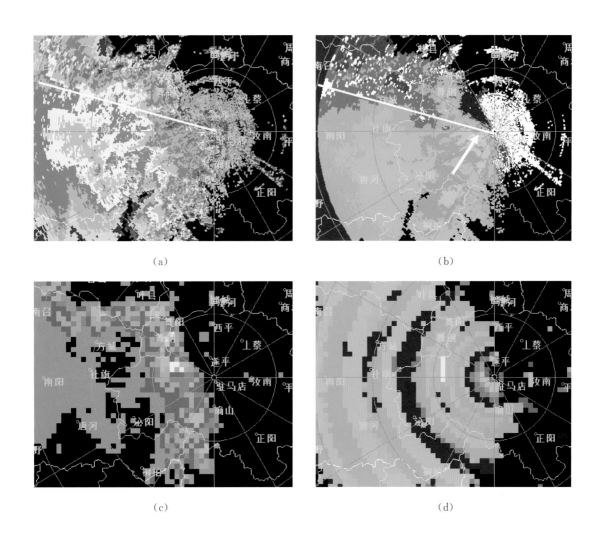

（a） （b）

（c） （d）

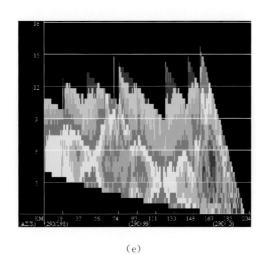
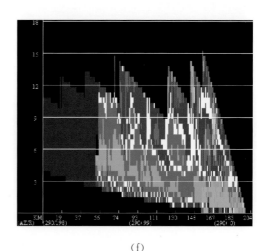

(e)　　　　　　　　　　　　　　　　　　(f)

图 2.1.33　2013 年 8 月 1 日 18：21 驻马店雷达产品

(a)2.4°基本反射率因子,(b)2.4°平均径向速度,(c)垂直积分液态水含量,(d)回波顶高,

(e)沿图(a)径向白线所示基本反射率因子剖面,(f)沿图(b)径向白线所示平均径向速度剖面

2.1.4.2　弓形回波复合体

弓形回波复合体是弓形回波中含有超级单体,镶嵌在弓形回波中的超级单体可产生雷暴大风、冰雹等灾害性强对流天气。2009 年 6 月 27 日受西北气流和地面弱冷空气扩散南下影响,下午到夜里河南北中部出现了雷暴大风、局地冰雹等强对流天气。豫北强对流回波在向东南移动过程中经过郑州站后,在新郑东部形成弓形回波,其前部出现中气旋,形成弓形回波复合体。20：52 弓形回波对流旺盛,后侧下沉气流大风区和前侧入流区前沿有明显中气旋(图 2.1.34),基本反射率因子垂直剖面上有前侧上升气流弱回波区 WER,径向速度垂直剖面有中层径向辐合等雷暴大风天气特征。图 2.1.35 是 2009 年 6 月 14 日 19：08 超级单体回波自西北向东南经过开封后在通许到杞县一带逐渐演变为尺度较小的弓形回波复合体,该弓形回波复合体和图 2.1.34 有相似特征,使得开封南部部分县市出现了雷暴大风等强对流天气。

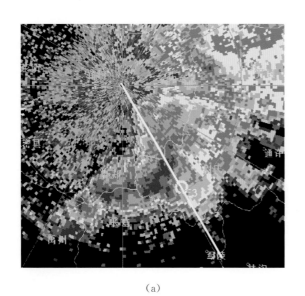
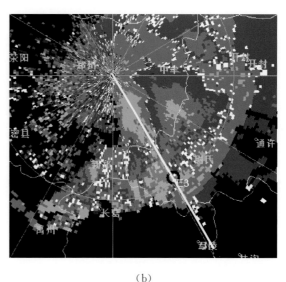

(a)　　　　　　　　　　　　　　　　　　(b)

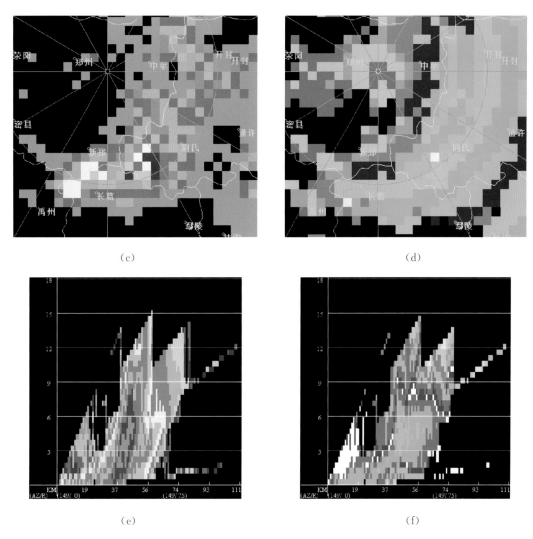

(c)　　　　　　　　　　　　(d)

(e)　　　　　　　　　　　　(f)

图 2.1.34　2009 年 6 月 27 日 20:52 郑州雷达产品

(a)1.5°基本反射率因子,(b)1.5°平均径向速度,(c)垂直积分液态水含量,(d)回波顶高,

(e)沿图(a)径向白线所示基本反射率因子剖面,(f)沿图(b)径向白线所示平均径向速度剖面

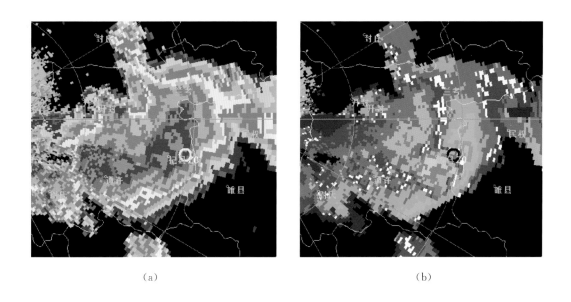

(a)　　　　　　　　　　　　(b)

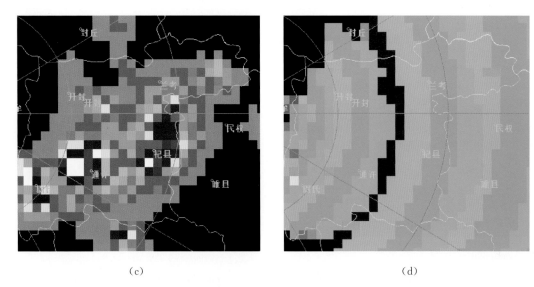

(c)   (d)

图 2.1.35 2009 年 6 月 14 日 19:08 郑州雷达产品
(a)1.5°基本反射率因子,(b)1.5°平均径向速度,(c)垂直积分液态水含量,(d)回波顶高

2.1.4.3 单体弓形回波

由于无严格意义上的单体,因此,在日常业务中将由相对孤立的块状强回波演变为弓状的称为类单体弓形回波(而非严格意义上的单体弓形回波)。单体弓形回波在河南省比较少见,一般由块状强对流回波在发展过程中演化而成,常造成雷暴大风和局地冰雹等强对流天气。一般情况下,单体弓形回波的持续时间比较短,在其发展过程中往往演变为其他形式的回波。如 2008 年 6 月 3 日豫北强对流回波越过黄河后,一块状回波在中牟发展,15:20 郑州雷达产品(图 2.1.36)0.5°基本反射率因子图上,在中牟南部附近形成比较明显单体弓形回波,结合垂直剖面产品可以看出最强的回波顶明显位于低层反射率因子高梯度区之上,平均径向速度垂直剖面有中层径向辐合(见 2.2.1 节中图 2.2.4),实况为中牟本站出现了直径 2 cm 的冰雹和 16.3 m/s 的雷暴大风(根据强回波和速度图特征可以推断中牟南部将出现雷暴大风和冰雹,实况有明显雹灾)。又如图 2.1.37,2006 年 6 月 25 日下午到夜里,山西南部到陕西中部有一条东北—西南向的线状对流回波自西北向东南方向移动,19:48 该线状回波移至河南三门峡地区北

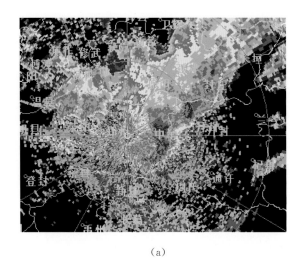
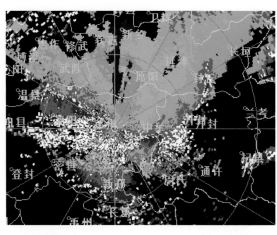

(a)   (b)

图 2.1.36 2008 年 6 月 3 日 15:20 郑州雷达产品
(a)0.5°基本反射率因子,(b)0.5°平均径向速度

部,其上一块状对流回波在灵宝西部发展成为类单体弓形回波,平均径向速度图上对应有大风区,造成灵宝出现了局地冰雹等强对流天气。

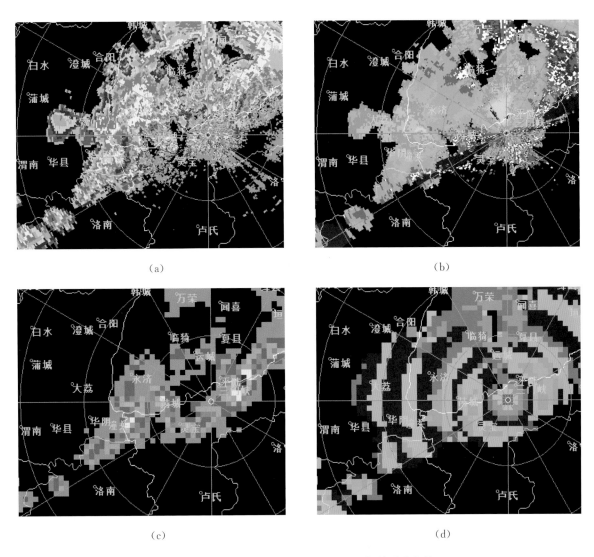

(a)　　　　　　　　　　　　　　(b)

(c)　　　　　　　　　　　　　　(d)

图 2.1.37　2006 年 6 月 25 日 19:48 三门峡雷达产品
(a)1.5°基本反射率因子,(b)1.5°平均径向速度,(c)垂直积分液态水含量,(d)回波顶高

2.1.4.4　波状弓形回波

图 2.1.38 是 2006 年 6 月 25 日 18:29 濮阳雷达监测到的一次波状弓形回波,基本反射率因子图上河南北部和河北南部分别有弓形回波,回波整体呈波状结构,平均径向速度图上有明显的后侧入流急流,弓形回波垂直积分液态水含量梯度大,对流发展比较旺盛,回波顶高在 9～11 km。该弓形回波使豫北多站出现了雷暴大风强对流天气。

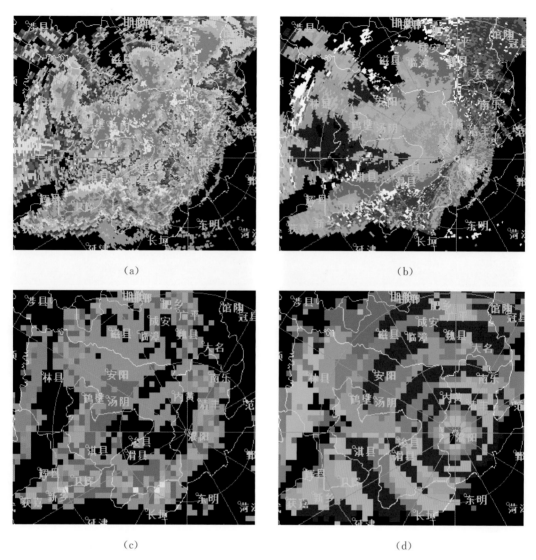

(a)   (b)

(c)   (d)

图 2.1.38　2006 年 6 月 25 日 18:29 濮阳雷达产品
(a)1.5°基本反射率因子,(b)1.5°平均径向速度,(c)垂直积分液态水含量,(d)回波顶高

2.1.5　雷暴出流边界

　　在合适的环境条件下形成的对流风暴,在其生命史的后期,下沉冷空气出现在地面附近向外流出,与较暖湿的环境大气之间的界面,即出流边界(阵风锋)。新一代雷达探测低仰角产品监测到的出流边界经常表现为弱的窄带回波。出流边界是强对流回波生命史旺盛阶段的产物,也是地面强风的前沿,出流边界距母体回波的远近表明了主体回波对流旺盛的程度,当出流边界和母体回波相距较近时或者出流边界后侧在对应的平均径向速度图上有大风区时,往往形成地面大风天气。如图 2.1.39 为 2008 年 6 月 3 日 15:50 郑州雷达产品,0.5°基本反射率因子图上许昌北部有一出流边界,0.5°平均径向速度图上有大范围大风区(局部到达速度模糊),该出流边界使得许昌、平顶山、漯河等地区出现了大范围 17 m/s 以上的大风天气。2008 年 6 月 25 日 19:02 濮阳雷达 0.5°基本反射率因子图上新乡北部有出流边界,对应 0.5°平均径向速度图上出流边界后侧有大风区(图 2.1.40),该出流边界使新乡多站出现了大风。图 2.1.41 是 2009 年 6 月 14 日 21:29 驻马店雷达监测的出流边界造成地面大风的雷达产品,1.5°基本反射率因子图上的窄带回波和 1.5°平均径向速度图上的大风区对预警地面出现大风有很好的指示意义。

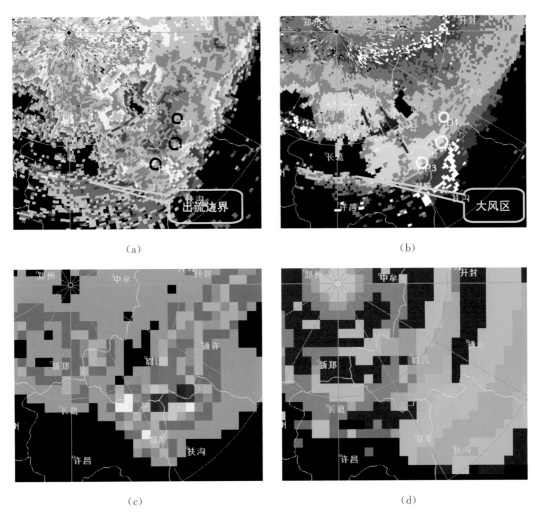

图 2.1.39 2008 年 6 月 3 日 15:50 郑州雷达产品

(a)0.5°基本反射率因子,(b)0.5°平均径向速度,(c)垂直积分液态水含量,(d)回波顶高

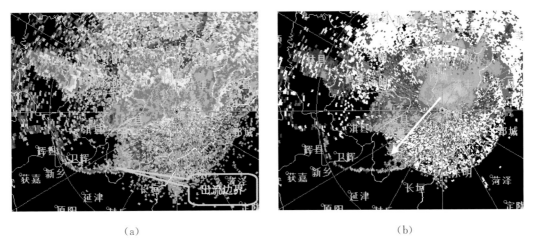

图 2.1.40 2008 年 6 月 25 日 19:02 濮阳雷达产品

(a)0.5°基本反射率因子,(b)0.5°平均径向速度

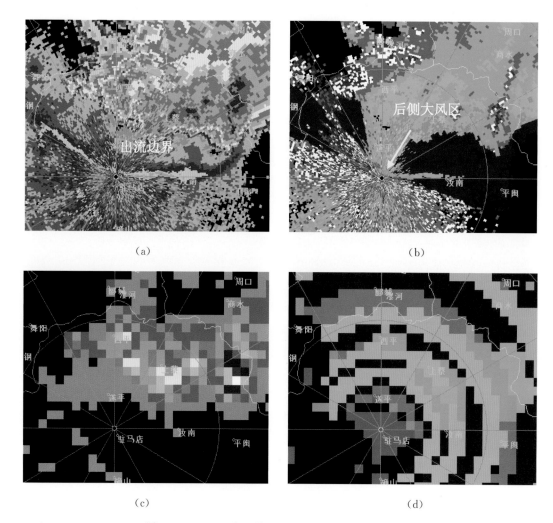

图2.1.41 2009年6月14日21:29驻马店雷达产品
(a)1.5°基本反射率因子,(b)1.5°平均径向速度,(c)垂直积分液态水含量,(d)回波顶高

2.2 冰雹

冰雹是伴随强风暴中出现的局地对流性灾害天气之一,强冰雹的产生要求有比较强且持续时间较长的上升气流,较长持续时间的雷暴内强上升气流的形成要求环境的对流有效位能和垂直风切变较大,另外,环境温度 0 ℃层距地面的高度不宜太高。产生大冰雹的强对流风暴(雹暴)最显著的特征是强的反射率因子扩展到较高的高度。如果−20 ℃等温线对应的高度之上有超过 50 dBz 的反射率因子(图2.2.1),则有可能产生大冰雹。相应的反射率因子值越大,相对高度越高,产生大冰雹的可能性和严重程度越大。

弱垂直风切变和较大对流有效位能情况下脉冲风暴可以产生较大的冰雹(图 1.1.2)。大冰雹往往出现在具有中等以上的垂直风切变的大气环境条件下。冰雹多和超级单体紧密相连,某些强烈的多单体风暴中也能产生大冰雹。图 2.2.2(a)、(b)分别是非超级单体强风暴(雷暴)和超级单体强风暴(雹暴)三维立体结构示意图,由图 2.2.2(a)可以看出,低层反射率因子等值线在入流的一侧出现很大的梯度,风暴顶位于低层反射率因子在入流一侧的强梯度区之上,中层回波强度轮廓线靠近低层入流一侧的下部出现弱回波区。也即回波自低往高向低层入流一侧倾斜,呈现出弱回波区和弱回波区之上的回波悬垂结构。由图 2.2.2(b)可以看出,风暴低层反射率因子出现明显的钩状回波特征,入流一侧的反射率因子梯度进一步增大,中低层出现明显的有界弱回波区,其上为回波悬垂,风暴顶位于低层反射率因子梯度区或有界弱回波区上空。从图 2.2.2 模型图中可根据低层、中层和高层的对流风暴雷达回波基本反射率因子特征及其相互配置进行雷暴内上升气流强度的识别。在满足高悬的强回波和 0 ℃层到地面的距离比较适宜的情况下,如果回波形态再呈现出弱回波区和悬垂特征,则产生大冰雹的可能性明显增加,若出现有界弱回波区,则出现大冰雹的概率几乎是 100%。

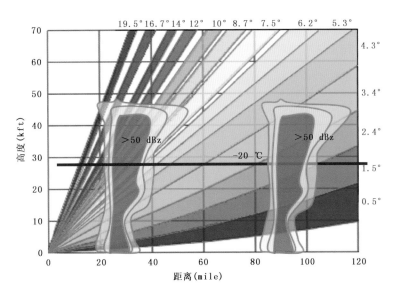

图 2.2.1　雹暴的基本特征"高悬的强回波"判据示意图

(图中红色数字为仰角,引自俞小鼎等,2010)

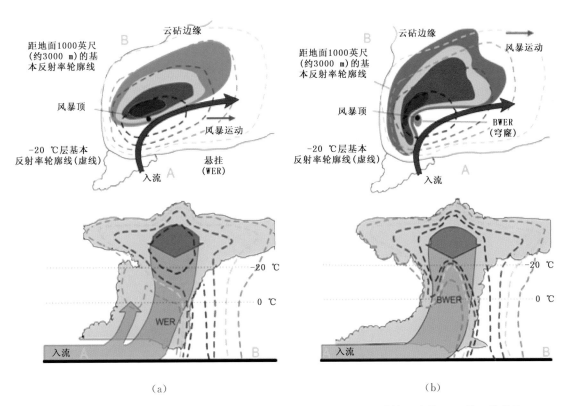

(a)　　　　　　　　　　　　　　(b)

图 2.2.2　中等到强垂直风切变下的非超级单体强雹暴(a)和超级单体强雹暴(b)三维立体结构,

图上可看到明显的 WER 和 BWER(引自俞小鼎等,2006)

S 波段雷达回波中三体散射(TBSS)的出现表明对流风暴中存在大冰雹。三体散射现象是指由于云体中大冰雹散射作用非常强烈,由大冰雹侧向散射到地面的雷达波被散射回大冰雹,再由大冰雹将其一部分能量散射回雷达,在大冰雹区向后沿雷达径向的延长线上出现由地面散射造成的虚假回波,称为三体散射。其产生原理示意图如图 2.2.3 所示。

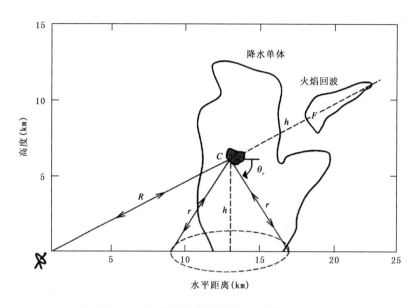

图 2.2.3　三体散射示意图(引自俞小鼎等,2006)

除了上述特征,比较弱的雷暴尺度涡旋也预示冰雹直径明显增加,风暴顶辐散也是预警强冰雹的一个辅助指标(俞小鼎等,2006)。

夏半年,伴随强对流天气的出现,河南省多有局地冰雹。冰雹直径在 2 cm 以上的大冰雹时有发生,对于中纬度的河南,夏季伴随雷暴即使出现冰雹直径 2 cm 以下的冰雹天气,对流风暴往往也非常强,常伴随有雷暴大风或短时强降水等剧烈灾害性强对流天气。因此,结合河南省传统强对流天气的定义,将夏季伴随雷暴出现的任意尺寸以上的冰雹均视为冰雹强对流天气。考虑天气形势和河南省冰雹天气地域特点,并结合实际业务工作,将河南省冰雹天气分为干环境条件下的冰雹、暖湿环境条件下的冰雹和豫西山区冰雹三种形式。

2.2.1　干环境条件下的冰雹

河南冰雹多发生在冷涡横槽和槽后西北气流(有时受短波槽或下滑槽影响)的上干冷、下暖湿的相对干的环境条件下,有强的对流不稳定能量和垂直风切变。雷达回波上,河南出现强冰雹的基本反射率因子中心强度一般在 60 dBz 以上,低仰角产品有入流缺口,≥50 dBz 的强回波高度多在 6 km 以上。基本反射率因子垂直剖面上,有弱回波区 WER、有界弱回波区 BWER 和旁瓣假回波等,平均径向速度剖面上有风暴顶辐散等特征。垂直积分液态水含量一般都在 40 kg/m² ,产生大冰雹的垂直积分液态水含量可达 60~70 kg/m² 。大冰雹常有三体散射。以下是西北气流型或冷涡横槽型相对干的环境条件下的几次冰雹天气雷达产品。

图 2.2.4 和图 2.2.5 分别是 2008 年 6 月 3 日 15:20 郑州雷达产品和 2009 年 6 月 6 日 14:34 驻马店雷达产品,基本反射率因子达 60 dBz,并出现明显三体散射,剖面图上回波顶高达 12 km,60 dBz 的强回波伸向 5~8 km,两次过程分别使中牟、桐柏出现了冰雹灾害天气。

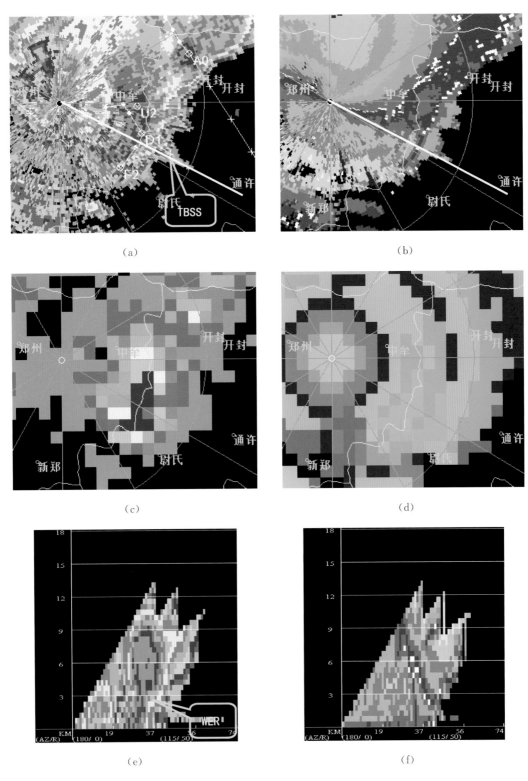

图 2.2.4　2008 年 6 月 3 日 15：20 郑州雷达产品

(a)1.5°基本反射率因子,(b)1.5°平均径向速度,(c)垂直积分液态水含量,(d)回波顶高,

(e)沿图(a)径向白线所示基本反射率因子剖面,(f)沿图(b)径向白线所示平均径向速度剖面

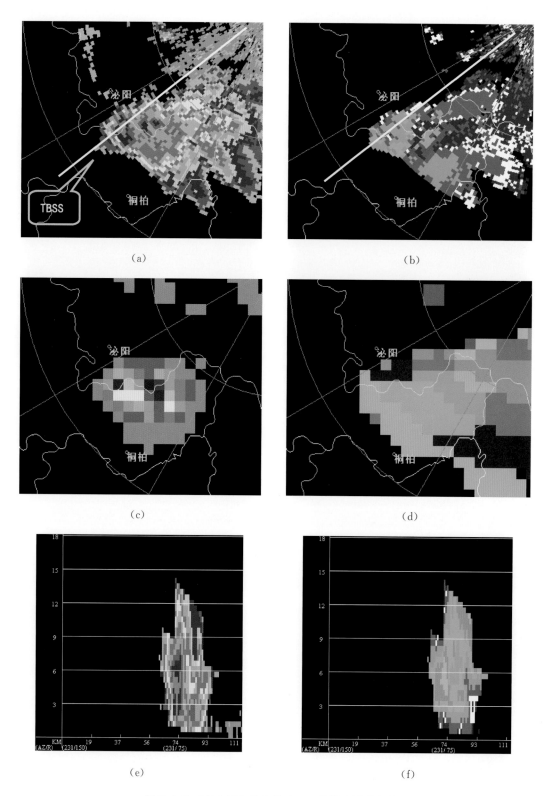

(a)　　　　　　　　　　　　　　　　　(b)

(c)　　　　　　　　　　　　　　　　　(d)

(e)　　　　　　　　　　　　　　　　　(f)

图 2.2.5　2009 年 6 月 6 日 14:34 驻马店雷达产品

(a)1.5°基本反射率因子,(b)1.5°平均径向速度,(c)垂直积分液态水含量,(d)回波顶高,
(e)沿图(a)径向白线所示基本反射率因子剖面,(f)沿图(b)径向白线所示平均径向速度剖面

　　图 2.2.6 是 2009 年 6 月 14 日 18:19 郑州雷达一个长生命史超级单体回波冰雹经过开封的雷达监测产品,从图中可以看出,基本反射率因子强度达 65 dBz 以上,径向速度图上有中气旋,沿回波入流方向有非常强的上升气流形成的有界弱回波区 BWER,回波顶高达 18 km,垂直积分液态水含量达到 70 kg/m² 以上,实况为开封出现大冰雹并造成严重灾害。

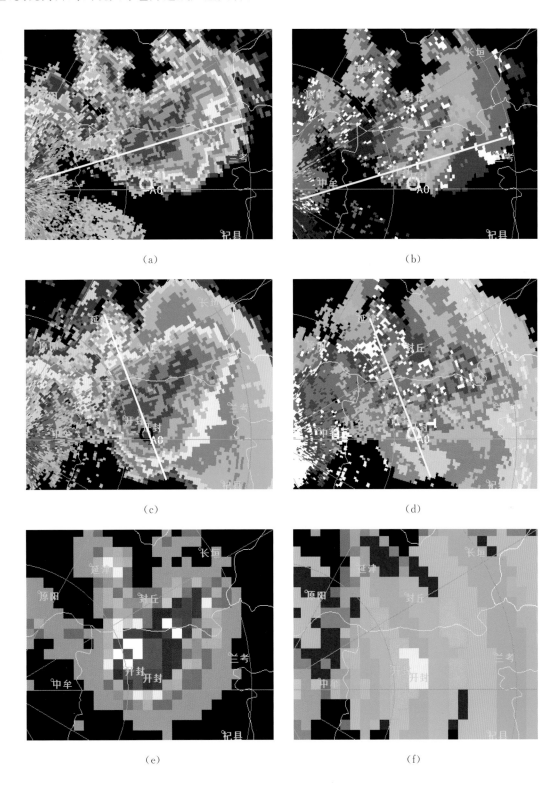

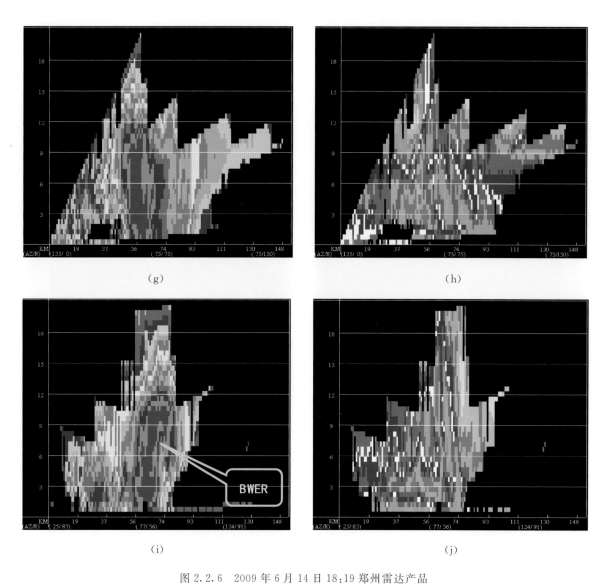

图 2.2.6　2009 年 6 月 14 日 18：19 郑州雷达产品

(a)1.5°基本反射率因子，(b)1.5°平均径向速度，(c)9.9°基本反射率因子，(d)9.9°平均径向速度，(e)垂直积分
液态水含量，(f)回波顶高，(g)沿图(a)径向白线所示基本反射率因子剖面，(h)沿图(b)径向白线所示平均径向
速度剖面，(i)沿图(c)切向白线所示基本反射率因子剖面，(j)沿图(d)切向白线所示平均径向速度剖面

　　图 2.2.7、图 2.2.8 分别是 2010 年 5 月 29 日 18：51、18：57 和 2010 年 6 月 17 日 22：42、22：54 濮阳
雷达产品，从基本反射率因子图上可以看出明显三体散射，相应剖面图上有强回波悬挂和弱回波区
WER，60 dBz 的强回波伸向 9 km，从两次过程 18：51—18：57 和 22：42—22：54 时间演变可以看出，强反
射率因子正在逐渐下降，预示冰雹即将降落。两次过程分别在长垣和滑县、浚县降雹。

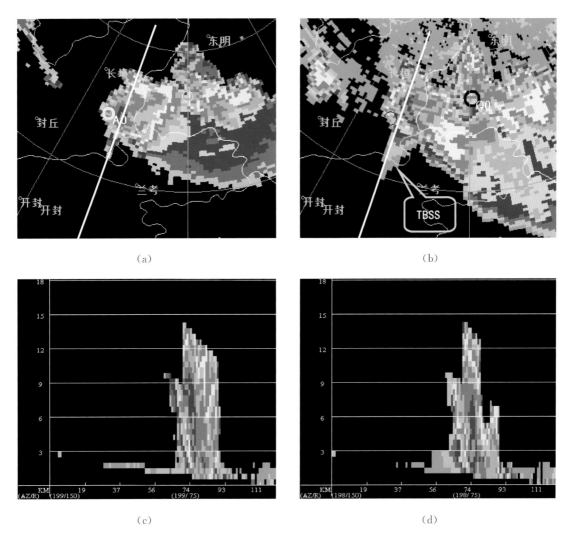

图 2.2.7 2010 年 5 月 29 日濮阳雷达产品

(a)18:51 9.9°基本反射率因子,(b) 18:57 1.5°基本反射率因子,(c)沿图(a)径向白线所示基本反射率因子剖面,

(d)沿图(b)径向白线所示基本反射率因子剖面

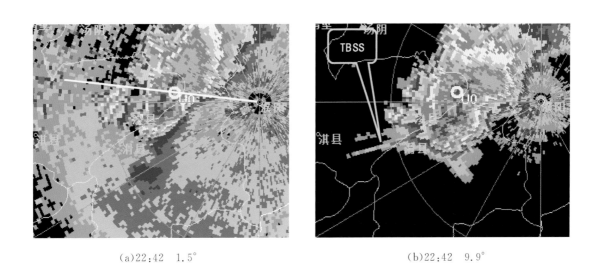

(a)22:42 1.5° (b)22:42 9.9°

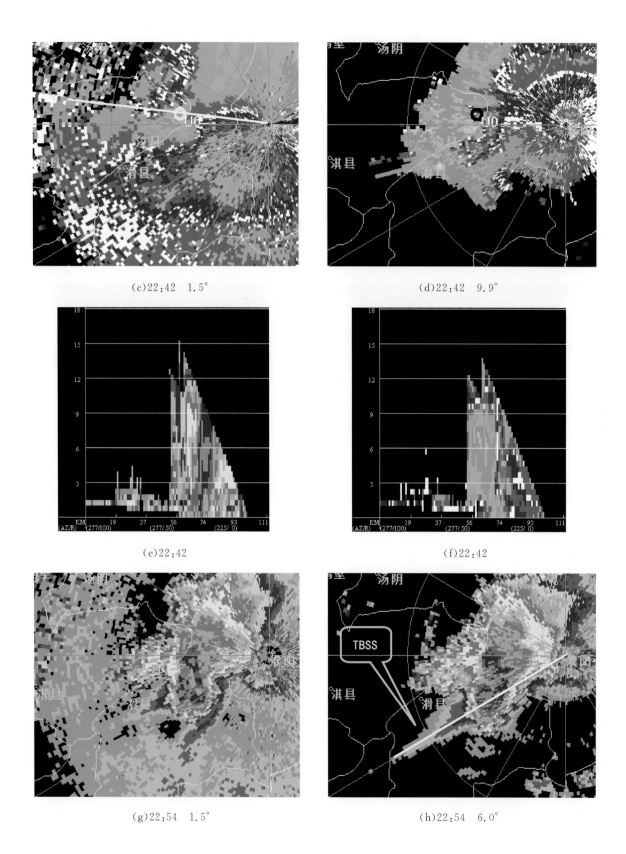

(c)22:42 1.5°

(d)22:42 9.9°

(e)22:42

(f)22:42

(g)22:54 1.5°

(h)22:54 6.0°

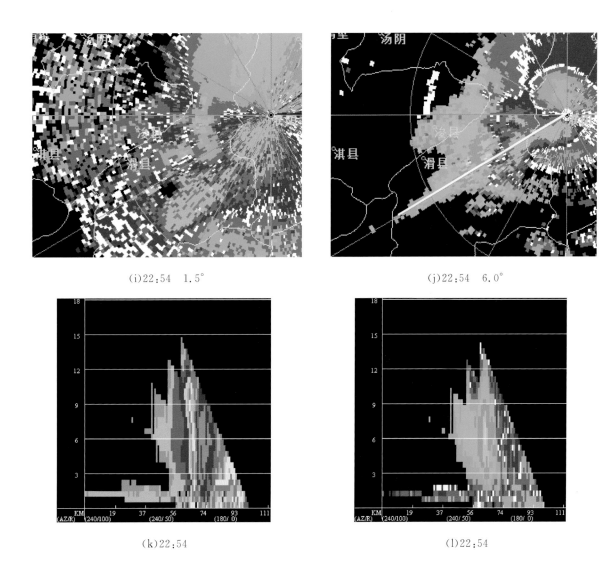

(i)22:54 1.5°   (j)22:54 6.0°

(k)22:54   (l)22:54

图 2.2.8 2010 年 6 月 17 日 22:42((a)—(f))、22:54((g)—(l))濮阳雷达产品
(a)、(g)为 1.5°基本反射率因子,(b)、(h)分别为 9.9°和 6.0°基本反射率因子,(c)、(i)为 1.5°平均径向
速度,(d)、(j)分别为 9.9°和 6.0°平均径向速度,(e)为沿图(a)径向白线所示基本反射率因子剖面,(f)
为沿图(c)径向白线所示平均径向速度剖面,(k)为沿图(h)径向白线所示基本反射率因子剖面,(l)为
沿图(j)径向白线所示平均径向速度剖面

2.2.2 暖湿环境条件下的冰雹

西南气流形势下河南强对流天气以雷电、短时强降水为主,伴随强降水的出现有时也会出现局地冰
雹,暖湿环境条件下局地冰雹一般只出现在过程前期积云降水阶段。相对于低涡和西北气流形势下的
冰雹,西南气流冰雹尺寸较小,局地性更强,不易形成大的冰雹灾害。图 2.2.9 和图 2.2.10 分别是 2007
年 7 月 27 日 15:43 和 2013 年 8 月 11 日 17:19 郑州雷达产品,基本反射率因子图上回波强度达 55~
60 dBz,速度图上有较强的西南气流,在较强的暖湿环境条件下,对流发展非常旺盛,回波顶高可达 17~
18 km,垂直剖面图上,60 dBz 的强回波高度伸向 6~9 km,垂直积分液态水含量非常大,有时可达 60~
70 kg/m²,甚至超过 70 kg/m²,两次过程实况为 2007 年 7 月 27 日和 2013 年 8 月 11 日分别在许昌、孟
州等地出现了直径 10~20 mm 冰雹和短时强降水。

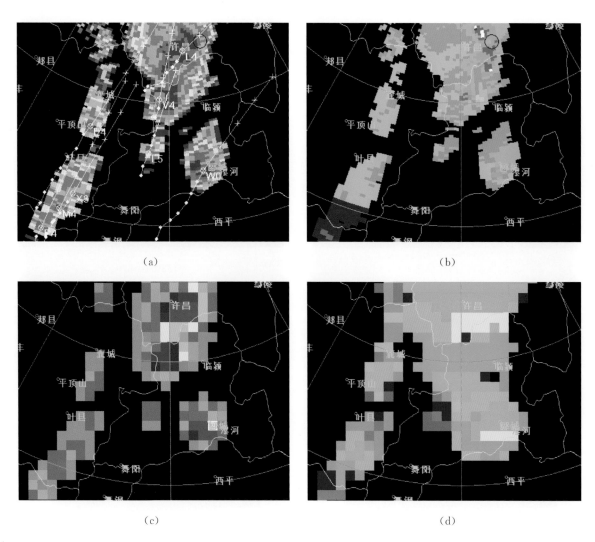

(a)　　　　　　　　　　　　　　(b)

(c)　　　　　　　　　　　　　　(d)

图 2.2.9　2007 年 7 月 27 日 15:43 郑州雷达产品

(a)1.5°基本反射率因子,(b)1.5°平均径向速度,(c)垂直积分液态水含量,(d)回波顶高

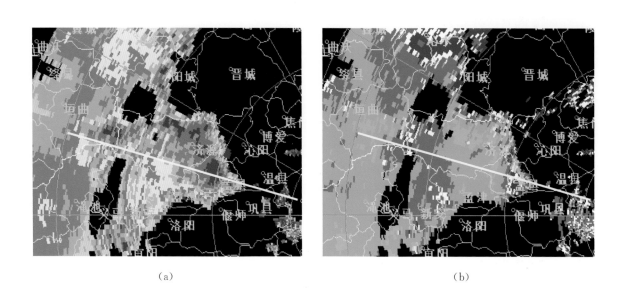

(a)　　　　　　　　　　　　　　(b)

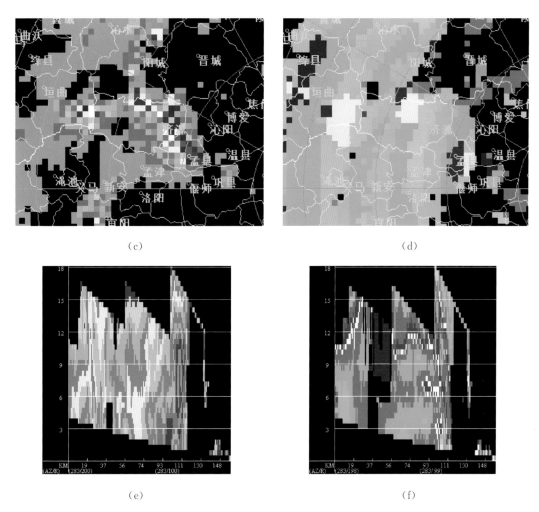

图 2.2.10　2013 年 8 月 11 日 17:19 郑州雷达产品

(a)1.5°基本反射率因子,(b)1.5°平均径向速度,(c)垂直积分液态水含量,(d)回波顶高,
(e)沿图(a)径向白线所示基本反射率因子剖面,(f)沿图(b)径向白线所示平均径向速度剖面

2.2.3　豫西山区冰雹

河南豫西山区海拔高度较高,由于 0 ℃层高度距离地面高度较小等因素影响,使得冰雹强对流天气比豫东平原地带明显偏多。鉴于此,将豫西山区冰雹单独进行分析和讨论。由于地形遮挡、雷达海拔高度较高等条件制约,对流风暴的低层结构往往不能很好地监测,低仰角产品往往看不到对流云在中空生成、发展以及冰雹云低层的结构,山区冰雹在雷达回波图上以块状发展的局地强回波为主,新一代天气雷达监测和预警应主要关注组合反射率因子(通常≥60 dBz)和风暴顶高,速度图上应关注辐合、中气旋和回波顶辐散等特征。

2011 年 6 月 24 日 18 时后,山西南部强对流回波向南移动影响河南西部,前侧不断有对流回波生成,22 时在洛阳嵩县加强成为 20～30 km² 的超级单体(三门峡雷达监测有中气旋),图 2.2.11 是 2011年 6 月 24 日 22:12 郑州雷达监测的嵩县冰雹雷达回波产品,该超级单体回波强度达 60～65 dBz,垂直剖面图上,回波顶高 12～13 km,60 dBz 纺锤状结构的强回波高度伸向 3～12 km,由于该冰雹对流回波强度非常强,剖面图(图 2.2.11(e)和 2.2.11(g))上还出现了旁瓣假回波。垂直积分液态水含量达到 65～70 kg/m²,速度剖面图上风暴顶有辐散特征。上述这些特征对大冰雹的产生有非常强的指示意义,实况为 22:30 嵩县出现直径 6 cm 的冰雹,并形成严重的冰雹灾害(参见 3.21 节)。

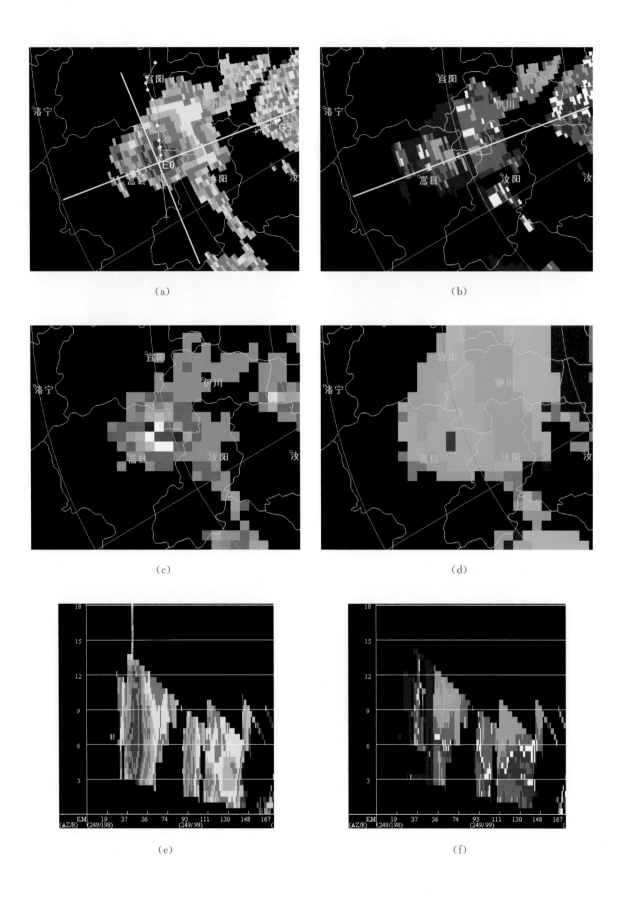

(a)

(b)

(c)

(d)

(e)

(f)

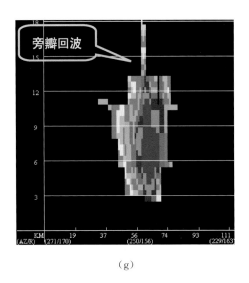

(g)

图 2.2.11 2011 年 6 月 24 日 22:12 郑州雷达产品

(a)1.5°基本反射率因子,(b)1.5°平均径向速度,(c)垂直积分液态水含量,(d)回波顶高,(e)沿图(a)径向白线所示基本反射率因子剖面,(f)沿图(b)径向白线所示平均径向速度剖面,(g) 沿图(a)切向白线所示基本反射率因子剖面

图 2.2.12—2.2.17 分别为 2006 年 6 月 28 日 16:56、2011 年 7 月 16 日 16:39、2011 年 7 月 17 日 14:19、2011 年 8 月 28 日 15:36、2013 年 8 月 1 日 00:10 和 2013 年 8 月 7 日 16:43 三门峡雷达监测的雷达产品,局地块状强回波组合反射率因子强度达 60~65 dBz,回波顶高 12~18 km,55~60 dBz 的回波高度可达 6~9 km,垂直积分液态水含量在 40~60 kg/m²,有时甚至达到 65~70 kg/m²。速度图上低层有气旋、辐合,风暴顶有辐散特征。上述几次强对流过程分别在洛宁、卢氏、灵宝、卢氏和栾川、渑池、嵩县等出现局地冰雹灾害性强对流天气。

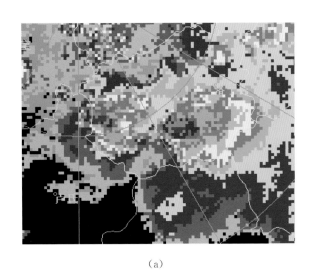

(a)

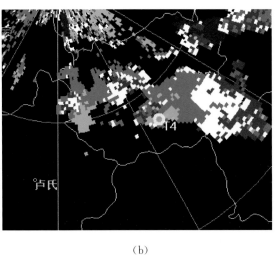

(b)

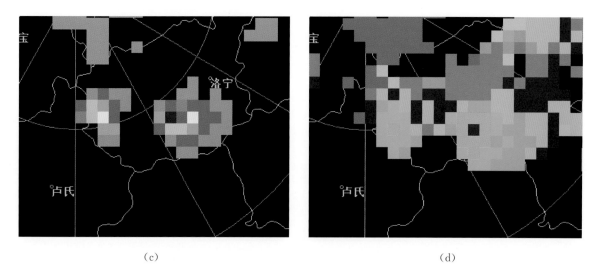

(c)　　　　　　　　　　　　　　　　　　　　(d)

图 2.2.12　2006 年 6 月 28 日 16:56 三门峡雷达产品

(a)组合反射率因子,(b)1.5°平均径向速度,(c)垂直积分液态水含量,(d)回波顶高

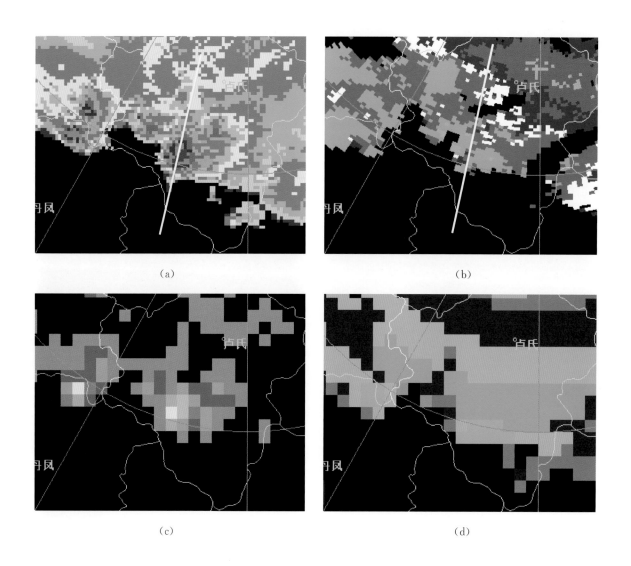

(a)　　　　　　　　　　　　　　　　　　　　(b)

(c)　　　　　　　　　　　　　　　　　　　　(d)

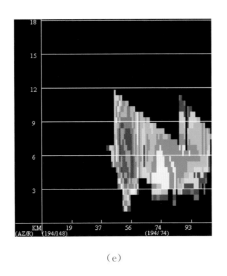
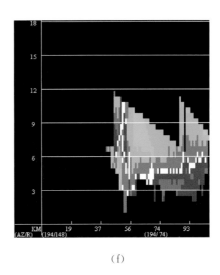

（e）　　　　　　　　　　　　　　（f）

图 2.2.13　2011 年 7 月 16 日 16:39 三门峡雷达产品
(a)组合反射率因子,(b)3.4°平均径向速度,(c)垂直积分液态水含量,(d)回波顶高,
(e)沿图(a)径向白线所示基本反射率因子剖面,(f)沿图(b)径向白线所示平均径向速度剖面

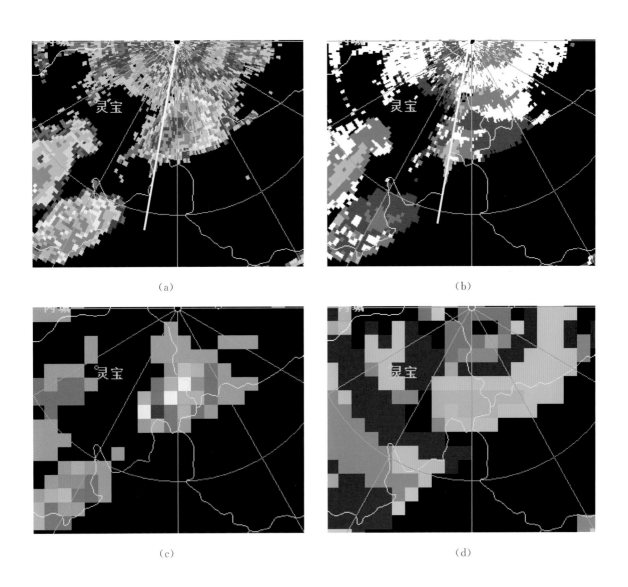

（a）　　　　　　　　　　　　　　（b）

（c）　　　　　　　　　　　　　　（d）

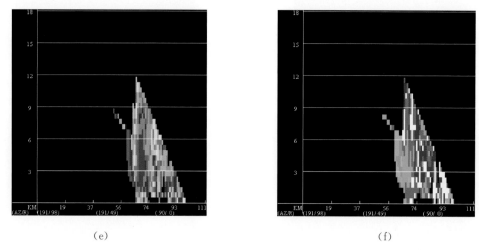

(e)　　　　　　　　　　　　　　　　　(f)

图 2.2.14　2011 年 7 月 17 日 14:19 三门峡雷达产品

(a)4.3°基本反射率因子,(b)4.3°平均径向速度,(c)垂直积分液态水含量,(d)回波顶高,
(e)沿图(a)径向白线所示基本反射率因子剖面,(f)沿图(b)径向白线所示平均径向速度剖面

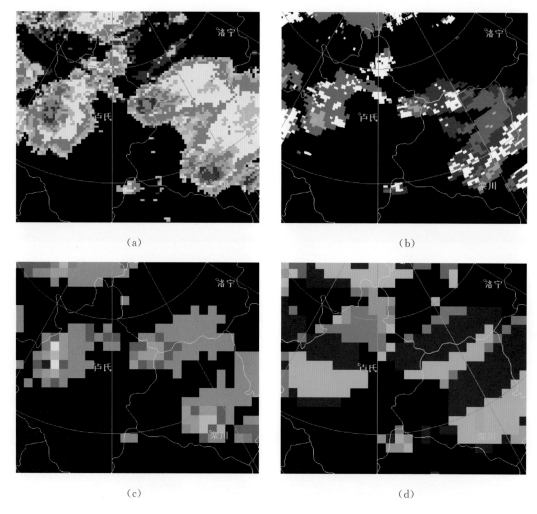

(a)　　　　　　　　　　　　　　　　　(b)

(c)　　　　　　　　　　　　　　　　　(d)

图 2.2.15　2011 年 8 月 28 日 15:36 三门峡雷达产品

(a)组合反射率因子,(b)2.4°平均径向速度,(c)垂直积分液态水含量,(d)回波顶高

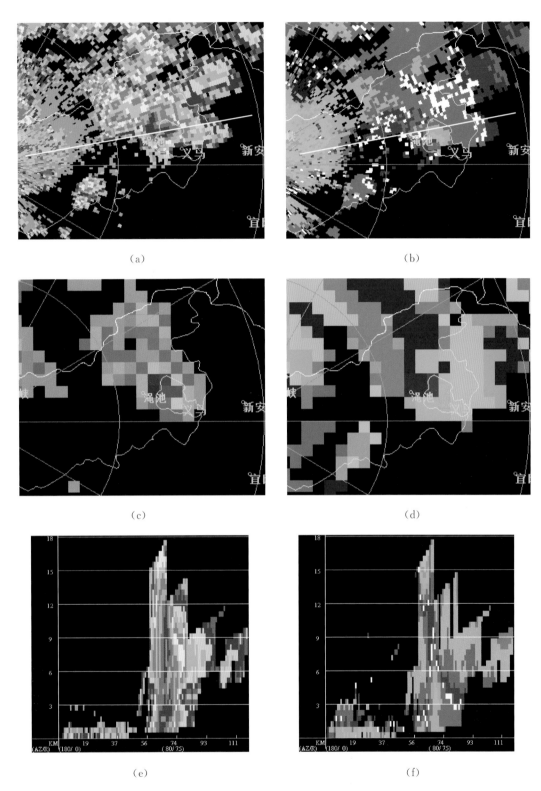

图 2.2.16 2013 年 8 月 1 日 00:10 三门峡雷达产品
(a)1.5°基本反射率因子,(b)1.5°平均径向速度,(c)垂直积分液态水含量,(d)回波顶高,
(e)沿图(a)径向白线所示基本反射率因子剖面,(f)沿图(b)径向白线所示平均径向速度剖面

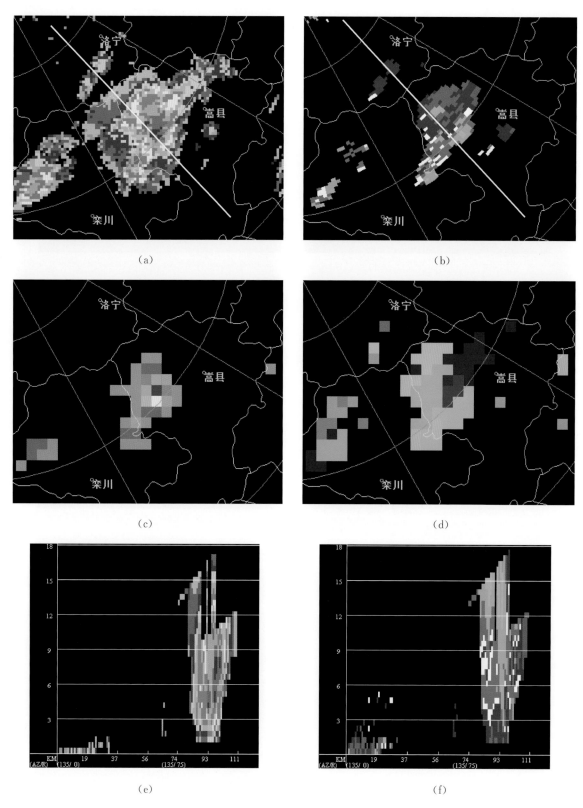

图 2.2.17　2013 年 8 月 7 日 16：43 三门峡雷达产品
(a)组合反射率因子,(b)1.5°平均径向速度,(c)垂直积分液态水含量,(d)回波顶高,
(e)沿图(a)径向白线所示基本反射率因子剖面,(f)沿图(b)径向白线所示平均径向速度剖面

2.3 龙卷

龙卷是对流云产生的破坏力极大的小尺度灾害性天气,具有局地性、突发性和能量高度集中的特点,强龙卷发生时往往造成重大人员伤亡和财产损失。多普勒天气雷达可以识别出中小尺度气旋、反气旋、辐合、辐散特征,是探测和预警龙卷不可或缺的工具。

目前,一般用 Fujita 等级(表2.3.1)来确定龙卷的强度,分为 F0—F5 六个等级,其中 F0—F1 为弱龙卷,F2—F5 为强龙卷。因龙卷发生时风速非常大,局地性强,所以具体的风速很难测量,实际是按建筑物等的损坏情况对龙卷进行分级。

表 2.3.1　Fujita 龙卷等级

F 等级	最大风速(m/s)	预期损害	灾情描述
F0	18~32	轻微	对烟囱会有一些损害,一些树枝被刮掉,树根浅的树可能被刮倒,指路牌被损坏
F1	33~49	中等	可以刮掉房屋屋顶的表面,将移动房屋刮离地基或侧翻,正在开动的汽车被推离公路
F2	50~69	相当大	框架结构的屋顶被刮掉,移动房屋被摧毁,集装箱卡车侧翻,大树被折断或被连根拔起,轻的物体快速飞到空中
F3	70~92	严重	屋顶严重损坏,一些结构比较结实的房屋的墙被刮倒,火车被刮翻,森林里大多数树木被连根拔起,汽车被掀离地面并被抛到一定距离以外
F4	93~116	巨大	较结实的房屋被夷平,一些房屋部件被抛到一定距离以外,汽车被抛到空中,一些大的物体高速飞入空中
F5	117~142	难以想象	非常结实的房屋被推离地基并被带到相当远的距离之外碎成几块,汽车大小的物体以超过 100 m/s 的速度被抛入空中,会发生难以置信的现象

龙卷分为超级单体龙卷和非超级单体龙卷,大多数龙卷都是非超级单体龙卷,非超级单体龙卷以 F0 和F1 级的弱龙卷居多,偶尔也会出现 F2 级的强龙卷,而 F2 级以上的强龙卷中大多数是由超级单体产生的。

图 2.3.1 给出了龙卷超级单体概念模型,图中给出了相应的流场和可能发生龙卷的位置。粗实线为低层反射率因子轮廓线,两个阴影区 FFD 和 RFD 分别代表前侧和后侧下沉气流区。与锢囚的阵风锋相联系的阴影部分表示与中气旋相联系的上升气流区,龙卷最容易产生在上升气流和后侧下沉气流交界面附近靠近上升气流一侧。图 2.3.2 给出了龙卷超级单体风暴的立体效果图(俞小鼎等,2006)。

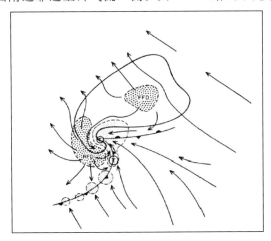

图 2.3.1　经典超级单体气流模型,低层反射率因子轮廓、锢囚的阵风锋、风暴入流和下沉气流区(FFD 前侧,RFD 后侧)、龙卷的可能发生位置(T)等(引自俞小鼎等,2006)

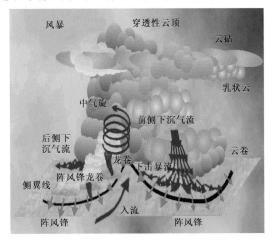

图 2.3.2　经典超级单体立体效果图,龙卷常发生在前侧入流槽口和槽口附近的阵风锋上

河南龙卷天气不是很多,但龙卷一旦发生,造成的灾害一般都非常严重。龙卷常发生在低层垂直风切变强、抬升凝结高度低和中低层水汽非常充分的环境条件下。近年来,河南省新一代天气雷达比较完整地监测到了局地单体风暴中发生的一次龙卷和区域暴雨过程中发生的两次龙卷。雷达监测表明,钩状超级单体回波前侧的入流槽口处、低层中等强度的中气旋和龙卷涡旋特征 TVS 出现的地方易发生局地龙卷,这些雷达回波特征可以为预警龙卷提供重要线索。

2.3.1 超级单体龙卷

受副热带高压边缘西南气流和中低层低涡、切变线影响,2010 年 7 月 17 日和 7 月 19 日河南省大范围区域暴雨、大暴雨过程中,商丘东部和许昌南部分别出现了龙卷并造成了严重灾害(详见 3.17、3.18 节)。2010 年 7 月 17 日在大片混合降水回波中有清晰可见的低涡螺旋雨带(图 2.3.3),螺旋雨带在亳州、夏邑、虞城发展旺盛,强度达 50 dBz,剖面图上 50 dBz 的强回波伸至 6 km,顶高 9 km 以上,平均径向速度图上显示螺旋雨带经过的地方出现了多个中尺度气旋,亳州、虞城、夏邑等地出现龙卷时都伴有中气旋和龙卷涡旋特征。7 月 19 日龙卷发生时和 17 日商丘东部出现龙卷时的雷达回波有很多相似之处,一条东北—西南向 50 dBz 的螺旋雨带自尉氏经长葛、许昌伸向平顶山(图 2.3.4),垂直剖面图上显示 50 dBz 强回波伸至 6 km,回波顶高 12 km,呈倾斜悬垂结构,其下面为弱回波区,平均径向速度图上,有明显的正负速度对,气旋性涡旋强度达到了中气旋和龙卷涡旋特征 TVS。

两次龙卷发生在低涡东南支螺旋雨带中部向东凸起的强回波处,该处基本反射率因子剖面图上低层有较强的上升气流弱回波区和倾斜悬垂结构,在有利于龙卷发生的环境条件下,速度图上持续、移动的中气旋和龙卷涡旋特征对估计和预警龙卷有很好的指示意义。

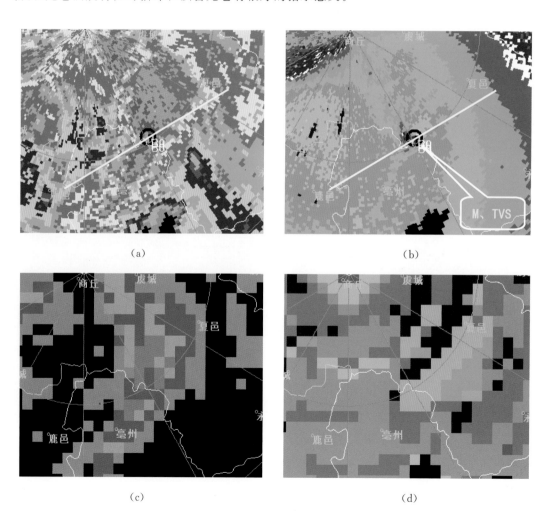

(a)　　　　　　　　　　　　　(b)

(c)　　　　　　　　　　　　　(d)

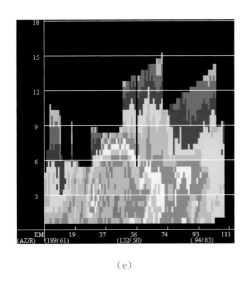 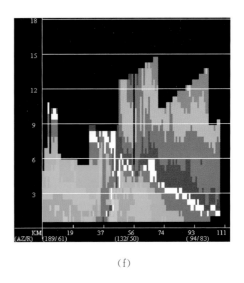

（e）　　　　　　　　　　　　　　　　（f）

图 2.3.3　2010 年 7 月 17 日 17:44 商丘雷达产品

（a）1.5°基本反射率因子,（b）1.5°平均径向速度,（c）垂直积分液态水含量,（d）回波顶高,

（e）沿图（a）切向白线所示基本反射率因子剖面,（f）沿图（b）切向白线所示平均径向速度剖面

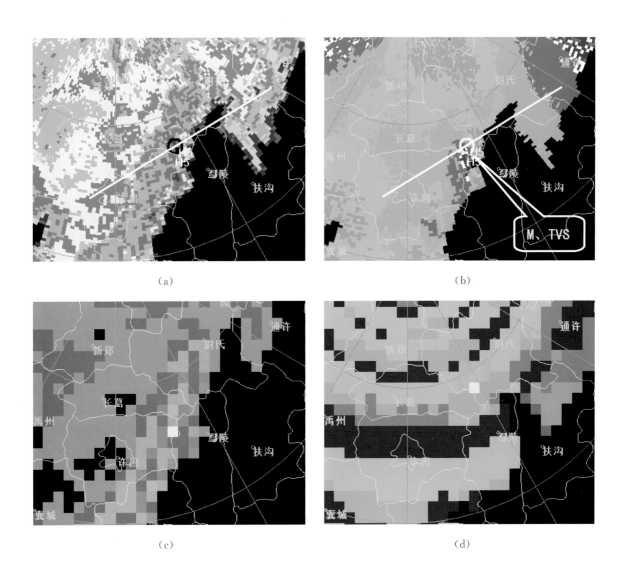

（a）　　　　　　　　　　　　　　　　（b）

（c）　　　　　　　　　　　　　　　　（d）

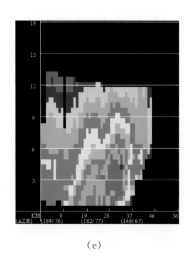
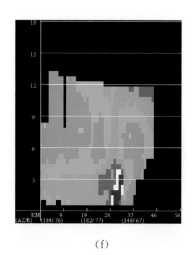

(e)
(f)

图 2.3.4 2010 年 7 月 19 日 05:33 郑州雷达产品

(a)1.5°基本反射率因子,(b)1.5°平均径向速度,(c)垂直积分液态水含量,(d)回波顶高,

(e)沿图(a)切向白线所示基本反射率因子剖面,(f)沿图(b)切向白线方向所示平均径向速度剖面

2.3.2 非超级单体龙卷

并非所有的龙卷都与超级单体风暴有关,对流云中产生强涡旋环流的机制有多种,在同一对流云内不同的物理过程可产生不同的龙卷。非超级单体龙卷可以发生在各种产生对流风暴的环境下,因此,预报、预警非超级单体龙卷是非常困难的(俞小鼎等,2006)。如 2007 年 7 月 27 日 12:33,洛阳市孟津县城关镇贾滹沱、九泉、缠阳、李窑 4 个村遭受龙卷袭击,持续时间十几分钟,受灾区呈一条狭长的西北—东南向带状。据九泉灾情调查,龙卷导致一农户一个长 30 m、宽 8.5 m、高 3.7 m 的鸡棚完全倒塌,砸伤 2 人,鸡棚上重约 20kg 的草扇刮至水平距离约 200 m、高约 15 m 的高压线上,损坏房屋 2 间;另一农户一个重约 100 kg 的鸡笼卷至 100 m 以外的地上。另据九泉村民描述,当时看到空中一团带尾巴的黑风,响声如同飞机经过一般,自空中盘旋而下。4 个村共刮倒树木 660 余棵,摧毁玉米 63 余公顷、烟叶田 0.13 公顷。据洛阳市民政局统计,此次龙卷造成直接经济损失达 40 万元,其中农业损失 29 万元(详见 3.3 节)。又如 2011 年 7 月 29 日下午 5 时,荥阳罗垌村王庄刮起龙卷,2 分钟连根拔起 200 多棵树,在荥阳康泰东路和索河东路之间的罗垌村王庄一组的村头,随处可见歪倒的大树,粗的直径有半米左右。这次大风,罗垌村村内受损的是东西方向的一个长 300 多米、宽 100 多米的范围的地带(详见 3.24 节)。根据以上实况和灾情,估算两次局地龙卷瞬时最大风力在 12 级或以上,对照 Fujita 的龙卷等级标准,属 F0 级弱龙卷。由于龙卷尺度小、强度弱(孟津龙卷发生地距雷达站较远),在雷达反射率因子和平均径向速度图上,两次龙卷几乎没有任何明显特征。

非超级单体龙卷形成前,经常会出现一种微气旋,比中气旋要小,强度弱,比较浅薄,微气旋易于在沿中尺度地面辐合线或其相交区发展,当正在发展中的上升气流遇到预先存在的涡旋时,非超级单体龙卷就可能生成,由上升气流的伸展而导致的微气旋旋转加快可能是非超级单体龙卷产生的主要机制(俞小鼎等,2006)。河南出现非超级单体龙卷不是很多,通常比较弱,局地性强,其致灾程度和灾害性雷暴大风基本相当,预报、预警非超级单体龙卷需要更加关注其形成的环境条件,特别是低的抬升凝结高度和低层明显的垂直风切变、地面辐合线以及合适的对流有效位能等是适宜产生龙卷的环境条件。

2.4 短时强降水

除了雷暴大风、局地冰雹和龙卷外,短时强降水也是强对流灾害天气之一。对流性暴雨(日常业务中多称为短时强降水)是指在短时间内造成的局地洪水,总的降水量取决于降水率的大小和降水持续时间。短时强降水是由相对较高的降水率(≥20 mm/h)持续相对较长时间(≥1 小时)而造成。对于对流性降水可以大致划分为大陆强对流降水型和热带海洋降水型(图 2.4.1,热带海洋降水型简称热带降水型),大陆强对流型降水一般发生在垂直风切变较大和中层有明显干空气的环境中,对流深厚,强回波可以发展到较高的高度,雷暴中的大粒子较多,而粒子数密度相对较稀,质心位置较高;而热带降水型对流结构表现为强回波主要集中在低层,雷暴中以雨滴为主,密度很大,质心位置较低。盛夏中高纬度具有低质心的对流降水系统结构也称为热带降水型。

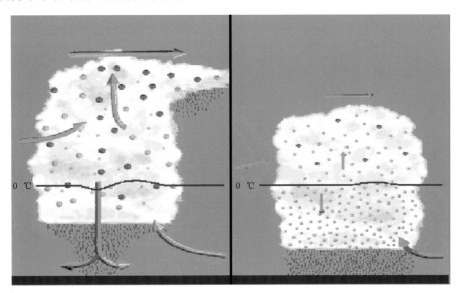

图 2.4.1 大陆强对流降水型(左)和热带海洋降水型(右)示意图(引自俞小鼎等,2013)

表 2.4.1 给出了当反射率因子分别为 40、45 和 50 dBz 时对应的大陆强对流降水型和热带海洋降水型的雨强,对于同样的反射率因子,大陆强对流降水型对应的雨强明显低于热带海洋降水型的雨强,反射率因子越大,差异越大。

表 2.4.1 不同回波强度对应的大陆强对流降水型和热带降水型的雨强

回波强度	40 dBz	45 dBz	50 dBz
大陆强对流降水型	12 mm/h	28 mm/h	62 mm/h
热带海洋降水型	20 mm/h	50 mm/h	130 mm/h

降水持续时间取决于降水系统的大小、移动速度的大小和系统的走向与移动方向的夹角。一条对流雨带,如果其移动方向基本上与其走向垂直,则在任何点上都不会产生持续时间长的降水(图 2.4.2(a)),而同样的对流雨带如果其移动速度矢量平行于其走向的分量很大(图 2.4.2(b)),则经过某一点需要更多的时间,导致更大的雨量。在对流后面带有大片层状云雨区的中尺度对流系统 MCS(图 2.4.2(c)),在对流雨带的强降水过后是持续时间较长的中等雨强的层状云降水,进一步增加了雨量。在图 2.4.2(d)中,对流雨带的移动速度矢量基本平行于其走向,使得对流雨带中的强降水单体依次经过同一地点,即形成"列车效应",产生最大的累积雨量(俞小鼎等,2010)。

短时强降水是河南省夏半年强对流天气中经常出现的一种天气,一般情况下短时强降水不易成灾,但强度大、持续时间长的强降水往往会导致农田渍害和城市内涝,大范围持续时间长的强降水还会造成山洪、中小河流洪涝灾害和山体滑坡等地质灾害,给人民生活和生命财产造成严重影响和重大损失。从实时业务来看,河南致灾短时强降水可分为局地短时强降水和大范围暴雨中的短时强降水。

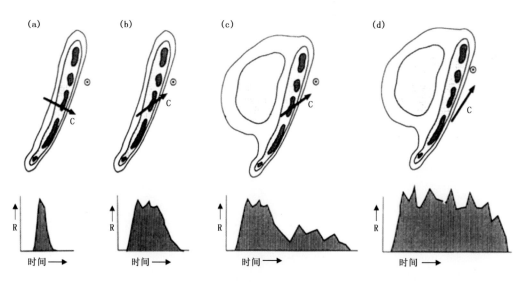

图 2.4.2 不同移动方向的不同类型的对流系统对于某一点上降水率随时间变化的影响的示意图。等值线和阴影区指示反射率因子的大小。(a)一个对流线通过该点的移动方向与对流线的取向垂直;(b)对流线的移动向量在对流线的取向上有很大的投影;(c)对流线后部有一个中等雨强的层状雨区,对流线移动方向和对流线取向的夹角与(b)同;(d)与(c)类似,只是对流线的移动向量在对流线的取向上有更大的投影(引自俞小鼎,2006)

2.4.1 局地短时强降水

局地短时强降水多发生在相对干的环境条件下或西南气流暖湿环境条件下的降水过程前期,普通对流风暴产生的雷电和局地短时强降水,一般影响不会很大。强对流风暴造成的短时强降水往往突发性强,在产生雷电、短时强降水的同时常伴有短时雷暴大风和局地冰雹等强对流天气。这种短时强降水和前面所述的大陆强对流降水型基本一致,回波强度强,局地对流发展旺盛,雷达回波以多单体或强降水超级单体为主,强回波发展的高度较高,雷暴中的大粒子较多,质心位置较高,往往局地降水强度大,通常情况下持续时间相对较短。

2007 年 8 月 2 日,郑州市区出现了一次灾害性短时强降水等强对流天气,09—10 时 1 小时雨量达92.3 mm,市区交通几乎全部瘫痪,给人民生活带来了严重影响(参见 3.5 节)。2 日 07:50 荥阳北部和郑州交界处有对流回波生成,并逐渐加强,55 dBz 强回波面积增大。图 2.4.3 是 2007 年 8 月 2 日 08:11郑州雷达产品,对流风暴后侧出现了 V 形槽口,预示强下沉气流,前侧回波梯度很大,并有明显入流缺口,自入流缺口处伸出了"人"字形出流边界,对应速度图上,郑州雷达站西北侧 40 km 处有明显辐散。后侧下沉辐散气流使前侧暖湿空气上升运动进一步加强,局地强降水回波对流旺盛,垂直积分液态水含量达 60 kg/m² 。这次过程伴随强降水郑州站还出现了 15 m/s 的雷暴大风。

2007 年 8 月 5 日夜里河南临颍出现了局地特大暴雨天气,并形成严重灾害(详见 3.6 节)。造成临颍局地特大暴雨的回波由单体、多单体合并、超级单体等不同类型的回波持续影响而形成。图 2.4.4 和图 2.4.5 分别是 2007 年 8 月 6 日 04:12 郑州雷达和 2007 年 8 月 6 日 04:03 驻马店雷达监测的强降水超级单体回波,中气旋位于强降水超级单体右侧,剖面图上,柱状对流回波发展至 15 km,60 dBz 的强回波伸至 9 km,驻马店雷达 1 小时累积降水最大值为 88.9 mm,3 小时累积降水 203.2 mm,与实况接近。伴随特大暴雨的出现,还出现了直径 10～20 mm 的冰雹和 11 级大风。

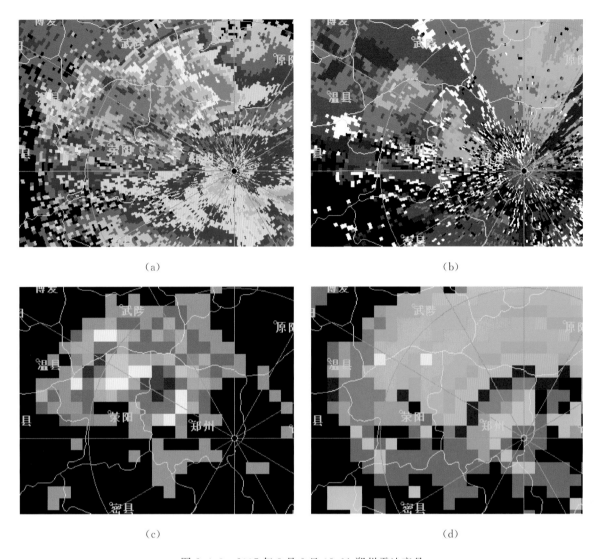

(a)　　　　　　　　　　　　　(b)

(c)　　　　　　　　　　　　　(d)

图 2.4.3　2007 年 8 月 2 日 08:11 郑州雷达产品

(a)1.5°基本反射率因子,(b)1.5°平均径向速度,(c)垂直积分液态水含量,(d)回波顶高

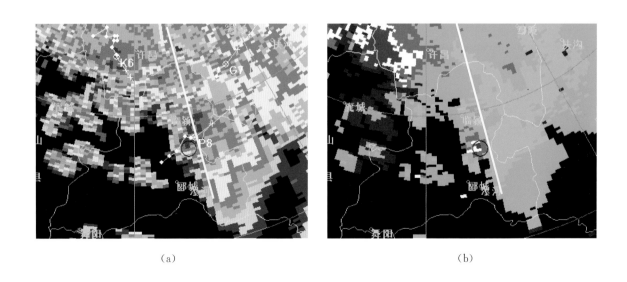

(a)　　　　　　　　　　　　　(b)

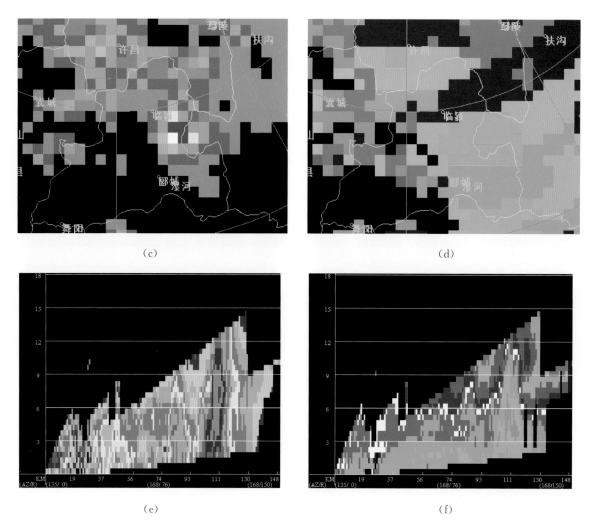

（c）

（d）

（e）

（f）

图 2.4.4　2007 年 8 月 6 日 04：12 郑州雷达产品

（a）1.5°基本反射率因子，（b）1.5°平均径向速度，（c）垂直积分液态水含量，（d）回波顶高，
（e）沿图（a）径向白线所示基本反射率因子剖面，（f）沿图（b）径向白线所示平均径向速度剖面

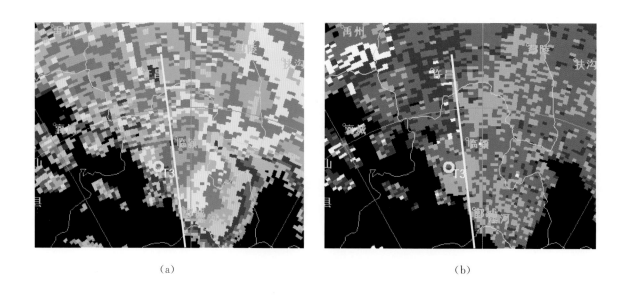

（a）

（b）

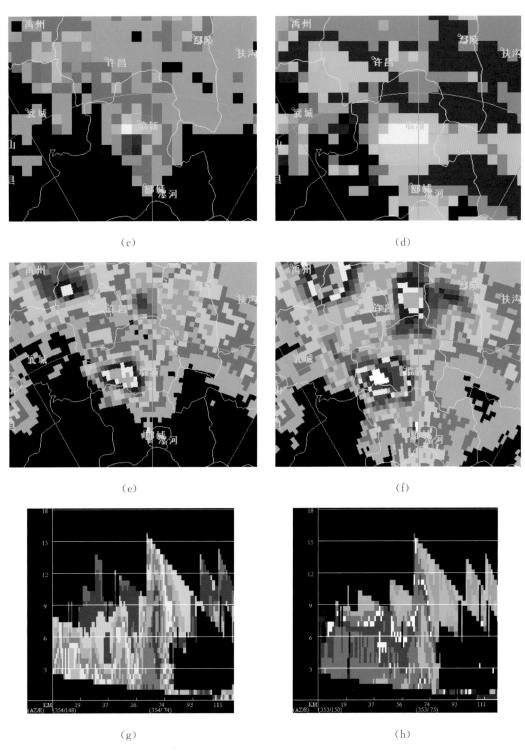

图 2.4.5　2007 年 8 月 6 日 04:03 驻马店雷达产品
(a)1.5°基本反射率因子,(b)1.5°平均径向速度,(c)垂直积分液态水含量,(d)回波顶高,
(e)1 小时累积降水,(f)3 小时累积降水,(g)沿图(a)径向白线所示基本反射率因子剖面,
(h)沿图(b)径向白线所示平均径向速度剖面

图 2.4.6 和图 2.4.7 分别是 2007 年 8 月 10 日 02:33 郑州雷达产品和 2013 年 8 月 14 日 14:37 郑州雷达产品,两次过程在长垣和周口西华附近强回波后侧不断有单体回波生成,其传播方向和移动方向近乎相反,形成明显的后向传播"列车效应",导致长垣和周口西华分别出现了局地大暴雨(张一平等,2014)。

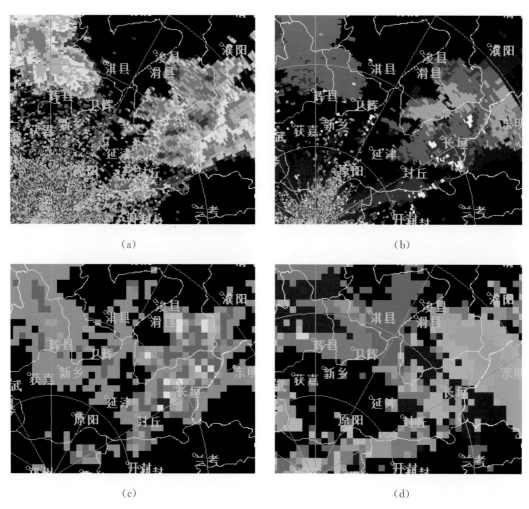

(a) (b)

(c) (d)

图 2.4.6 2007 年 8 月 10 日 02:33 郑州雷达产品
(a)1.5°基本反射率因子,(b)1.5°平均径向速度,(c)垂直积分液态水含量,(d)回波顶高

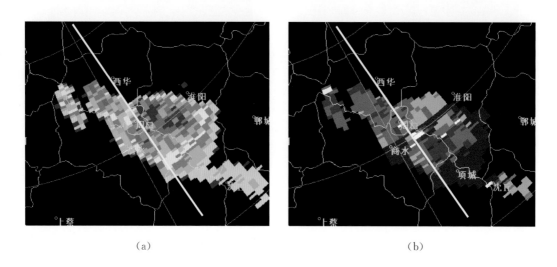

(a) (b)

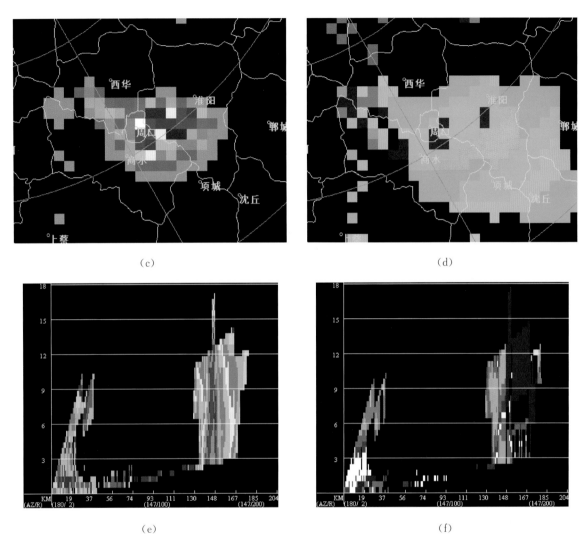

图 2.4.7　2013 年 8 月 14 日 14:37 郑州雷达产品

(a)1.5°基本反射率因子,(b)1.5°平均径向速度,(c)垂直积分液态水含量,(d)回波顶高,

(e)沿图(a)径向白线所示基本反射率因子剖面,(f)沿图(b)径向白线所示平均径向速度剖面

　　另外,在西南气流形势下,暖区有时也会有局地短时强降水出现,且对流发展也很旺盛,降水强度大,有时会伴有局地雷暴大风等强对流天气。图 2.4.8 是 2011 年 6 月 9 日 14:35 南阳雷达产品,新野附近有 50～55 dBz 的局地块状强回波,速度图上有明显辐合,回波顶高和垂直积分液态水含量梯度大。此强回波使新野局地出现了短时强降水和雷暴大风。

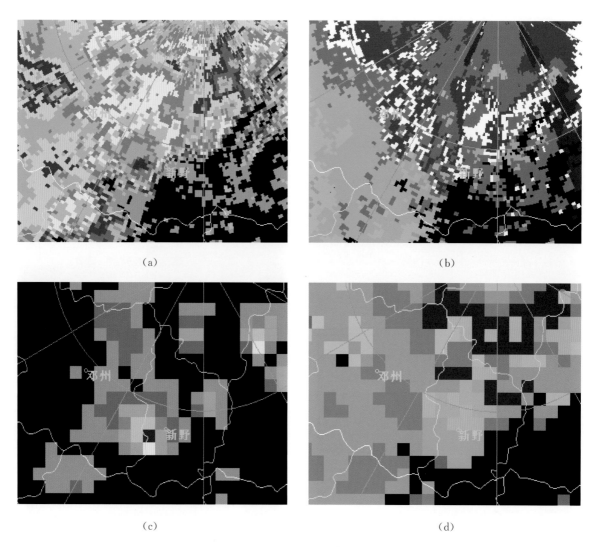

图 2.4.8　2011 年 6 月 9 日 14:35 南阳雷达产品

(a)2.4°基本反射率因子,(b)2.4°平均径向速度,(c)垂直积分液态水含量,(d)回波顶高

2.4.2　大范围暴雨中的短时强降水

大范围暴雨具有影响范围广、持续时间长、累积雨量大等特点,常常带来严重的洪涝灾害甚至山体滑坡等地质灾害,河南区域暴雨往往发生在比较稳定的大尺度天气形势下,多形成于高空槽前和副高西北侧、中低层切变线之间、低涡东南侧、低空急流左前侧以及地面倒槽或气旋顶部偏北到偏东气流中。大范围暴雨中的短时强降水在雷达回波上主要表现为积云降水和积层混合降水。

积云降水强度大,如图 2.4.9—2.4.13 分别是 2010 年 8 月 19 日 21:38 郑州雷达、2011 年 7 月 26 日 17:41 驻马店雷达、2012 年 7 月 4 日 14:04 郑州雷达、2013 年 7 月 2 日 16:02 郑州雷达和 2013 年 8 月 13 日 19:08 郑州雷达监测的几次较典型的大范围积云为主的降水回波,从基本反射率因子图上看,回波强度大,多在 45~55 dBz,平均径向速度图上有低空急流,强回波处有逆风区,剖面图上柱状对流回波明显,回波顶高多在 12~18 km,垂直积分液态水含量大,梯度明显,说明对流云中有大的降水粒子,这些对流降水常造成较大范围分布不均的对流性强降水。

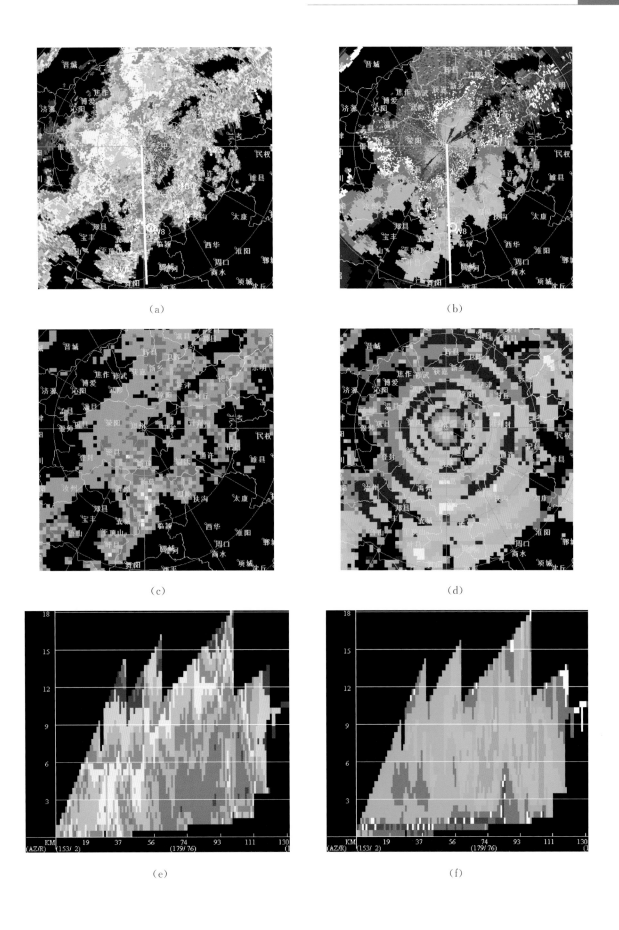

（a）

（b）

（c）

（d）

（e）

（f）

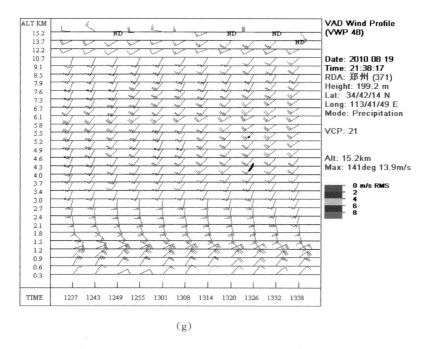

(g)

图 2.4.9　2010 年 8 月 19 日 21:38 郑州雷达产品

(a)1.5°基本反射率因子,(b)1.5°平均径向速度,(c)垂直积分液态水含量,(d)回波顶高,(e)沿图(a)径向
白线所示基本反射率因子剖面,(f)沿图(b)径向白线所示平均径向速度剖面,(g)风廓线

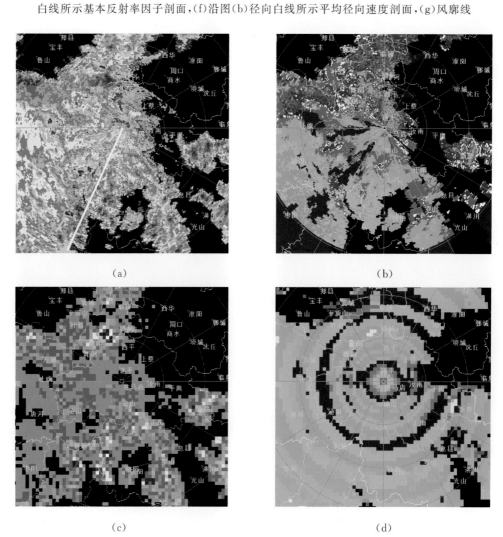

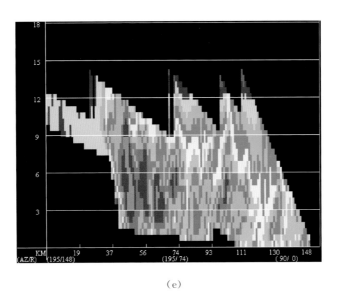

（e）

图 2.4.10　2011 年 7 月 26 日 17:41 驻马店雷达产品

(a)1.5°基本反射率因子,(b)1.5°平均径向速度,(c)垂直积分液态水含量,(d)回波顶高,
(e)沿图(a)径向白线所示基本反射率因子剖面

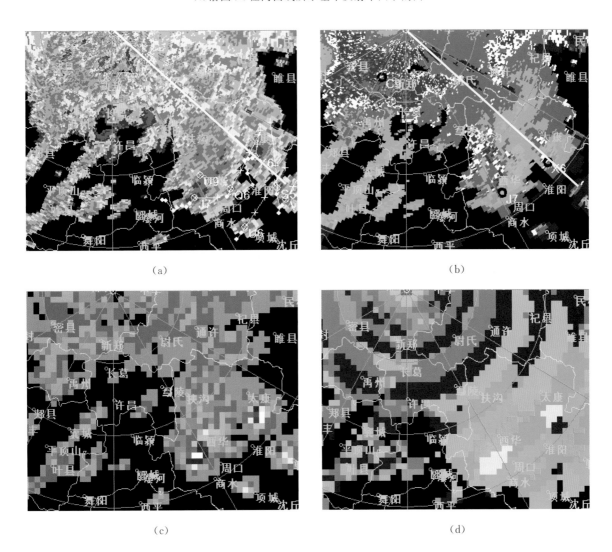

（a）

（b）

（c）

（d）

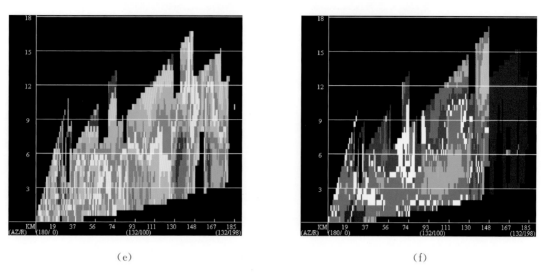

(e) (f)

图 2.4.11 2012 年 7 月 4 日 14∶04 郑州雷达产品
(a)1.5°基本反射率因子,(b)1.5°平均径向速度,(c)垂直积分液态水含量,(d)回波顶高,
(e)沿图(a)径向白线所示基本反射率因子剖面,(f)沿图(b)径向白线所示平均径向速度剖面

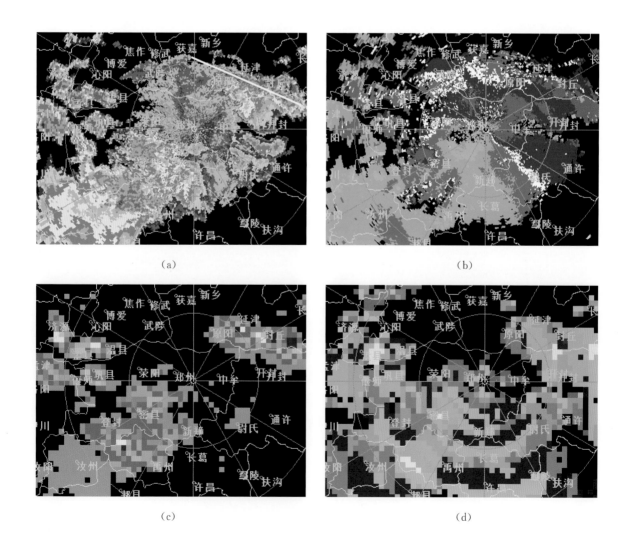

(a) (b)

(c) (d)

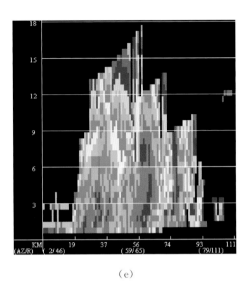

（e）

图 2.4.12　2013 年 7 月 2 日 16:02 郑州雷达产品
（a）1.5°基本反射率因子,（b）1.5°平均径向速度,（c）垂直积分液态水含量,
（d）回波顶高,（e）沿图(a)白线所示基本反射率因子剖面

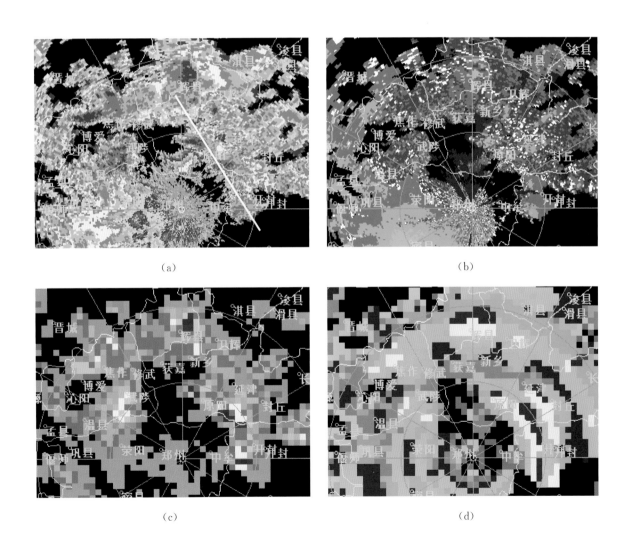

（a）　　　　　　　　　　　　　　　　　　　（b）

（c）　　　　　　　　　　　　　　　　　　　（d）

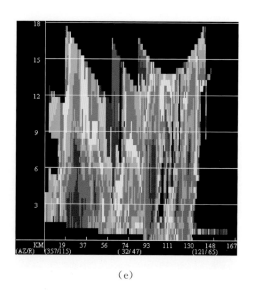

(e)

图 2.4.13 2013 年 8 月 13 日 19:08 郑州雷达产品
(a)1.5°基本反射率因子,(b)1.5°平均径向速度,(c)垂直积分液态水含量,
(d)回波顶高,(e)沿图(a)白线所示基本反射率因子剖面

一般情况下,混合降水中的短时强降水类似于热带降水型对流结构,表现为强回波主要集中在低层,雷暴中以雨滴为主,密度很大,质心位置较低,降水效率高且持续时间长,强降水对流系统比较稳定,尺度比较大,因此可造成较大范围的强降水。雷达回波图上,积层混合降水回波呈絮状结构,造成短时强降水的基本反射率因子多在 45~55 dBz,回波顶高度 9~12 km,垂直积分液态水含量多在 20~55 kg/m² 之间,平均径向速度场上多有低空急流,0 速度线常呈 S 形弯曲,风随高度顺转,暖平流明显。大范围降水回波和天气影响系统如低涡、切变线等有很大关系,多呈涡旋状、带状分布,图 2.4.14 是 2010 年 7 月 17 日 17:50 商丘雷达监测的涡旋状回波,较强的螺旋雨带回波非常清晰(张一平等,2013)。图 2.4.15 是 2009 年 8 月 17 日 04:01 郑州雷达监测的东北—西南向混合降水回波带,回波带上有多个近东西向排列的短带状强回波自西南向东北移动,形成明显"列车效应"。图 2.4.16 是 2012 年 7 月 5 日 03:36 驻马店雷达监测的近东西向带状混合降水回波,该带状回波上有多个南北向短带状的对流回波自西向东移动,形成了明显的"列车效应",由于混合降水回波系统相对稳定,移速较慢,在出现短时强降水的同时,常形成较大的累积降水量(张一平等,2015)。

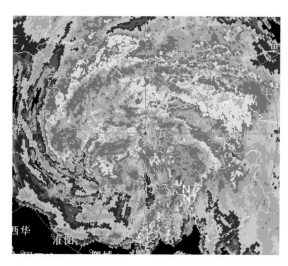

(a)

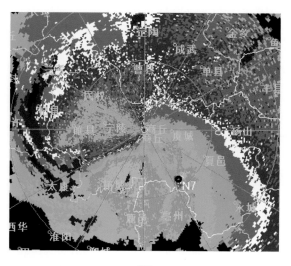

(b)

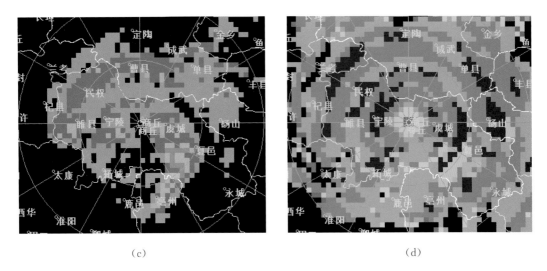

（c）　　　　　　　　　　　　　　（d）

图 2.4.14　2010 年 7 月 17 日 17：50 商丘雷达产品

（a）1.5°基本反射率因子，（b）1.5°平均径向速度，（c）垂直积分液态水含量，（d）回波顶高

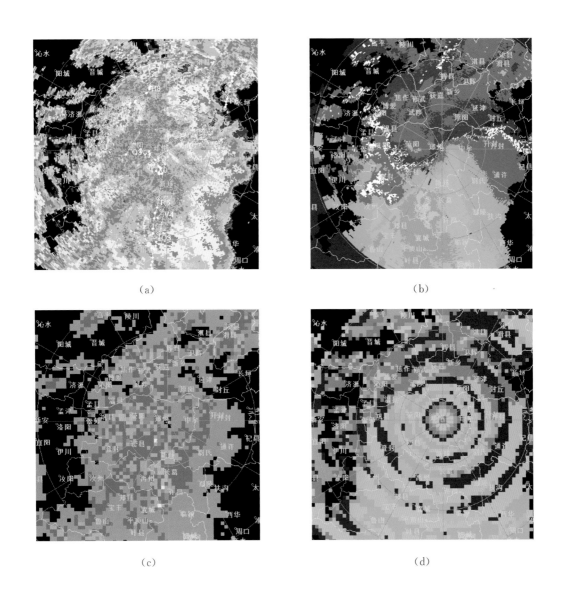

（a）　　　　　　　　　　　　　　（b）

（c）　　　　　　　　　　　　　　（d）

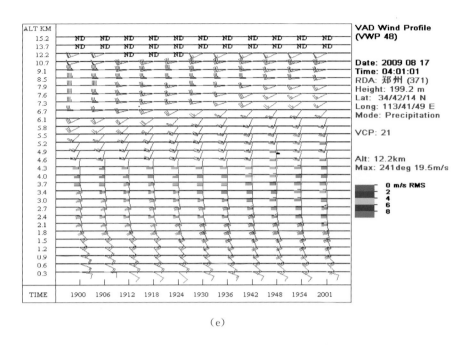

(e)

图 2.4.15　2009 年 8 月 17 日 04:01 郑州雷达产品
(a)1.5°基本反射率因子,(b)1.5°平均径向速度,(c)垂直积分液态水含量,(d)回波顶高,(e)风廓线

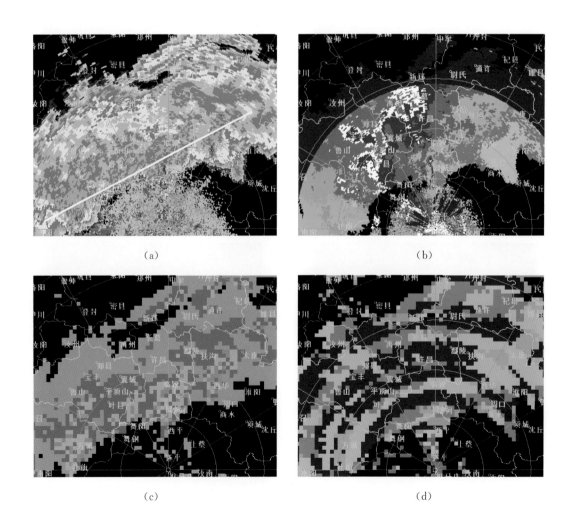

(a)　　　　　　　　　　　　　　　　　(b)

(c)　　　　　　　　　　　　　　　　　(d)

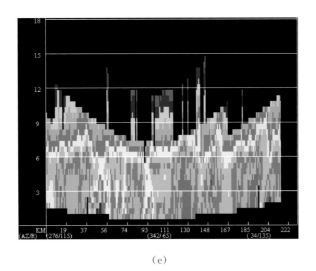

(e)

图 2.4.16　2012 年 7 月 5 日 03:36 驻马店雷达产品
(a)1.5°基本反射率因子,(b)2.4°平均径向速度,(c)垂直积分液态水含量,(d)回波顶高,
(e)沿图(a)白线所示基本反射率因子剖面

2.5　河南省分类强对流天气监测预警指标

在对河南省不同类别强对流天气雷达回波产品图像特征分析的基础上,归纳了河南省分类强对流天气的一些雷达监测预警指标,最后给出了从实际业务应用角度出发的河南强对流天气分类框图及主要特征。

2.5.1　雷暴大风

(1)局地雷暴大风

①3～6 km 处≥50 dBz 强回波核逐渐下降伴随云底以上的气流辐合导致下击暴流,速度图上低层强烈辐散(脉冲风暴);

②基本反射率因子≥50 dBz 的强回波移速≥40 km/h;

③超级单体风暴中,50 dBz 的强回波处及其附近伴随有中气旋产品出现,其后侧下沉气流区及中气旋附近;

④深层辐合带 DCZ 和中层径向速度辐合 MARC。

(2)区域雷暴大风

①弓形回波,最强的风(或下击暴流)发生在弓形回波的顶部,也即凹状回波移动最快的部分,灾害性大风偶尔也会发生在弓形回波的其他部分;

②近雷达站低仰角速度图上存在径向速度大值区(大风区);

③和母体回波匹配的阵风锋过境,且大多对应速度图上有大风区;

④快速移动(移速通常≥50 km/h)的 50 dBz 以上的线状回波(飑线);

⑤≥50 dBz 的团状多单体、线状多单体强风暴,传播明显且有中层径向速度辐合 MARC。

2.5.2　冰雹

(1)干环境条件下的冰雹

①基本反射率因子≥60 dBz,且垂直积分液态水含量 VIL≥40 kg/m²;

②≥50 dBz 的强回波高度扩展到−20 ℃等温线高度以上,且 0 ℃层高度多在 4～4.5 km;

③高悬强回波,具有宽广的弱回波区 WER 或有界弱回波区 BWER;

④对流旺盛的钩状回波,中气旋;

⑤径向速度图风暴顶辐散;

⑥垂直积分液态水含量≥60 kg/m²;

⑦三体散射 TBSS 预示有大冰雹;

⑧垂直剖面 RCS 上有旁瓣假回波。

(2)暖湿环境条件下的冰雹

①基本反射率因子≥55 dBz,垂直积分液态水含量≥60 kg/m²;

②回波顶高 ET 达 15 km,其中 60 dBz 回波高度 6～9 km,0 ℃层高度多在 4.6～5.0 km,且常有中气旋。

(3)豫西山区冰雹

①组合反射率因子≥60 dBz,VIL≥40 kg/m²;

②≥50 dBz 回波高度达 5 km 以上,回波顶高≥12 km;

③风暴顶辐散,大冰雹指数概率≥100%。

2.5.3 短时强降水

(1)局地强降水

①基本反射率因子强中心在 50～60dBz,回波顶高度一般 9～11 km,有时≥15 km;

②垂直积分液态水含量在 30～55 kg/m²,有时超过 55 kg/m²;

③经典超级单体和强降水超级单体。

(2)区域暴雨中的强降水

①基本反射率因子 45～55 dBz,回波顶高 ET≥9 km;

②垂直积分液态水含量在 20～45 kg/m²,有时超过 50 kg/m²;

③速度图上常有低空急流、辐合、气旋和气旋性辐合等中尺度扰动;

④回波移动缓慢,且具有"列车效应"。

2.5.4 龙卷

①中等强度以上的中气旋 M;

②龙卷涡旋特征 TVS;

③超级单体回波前侧的入流槽口处(钩状回波);

④超级单体回波后侧雷暴出流边界上有时也会产生龙卷。

综上所述,河南强对流天气分类框图及主要特征如图 2.5.1 所示。

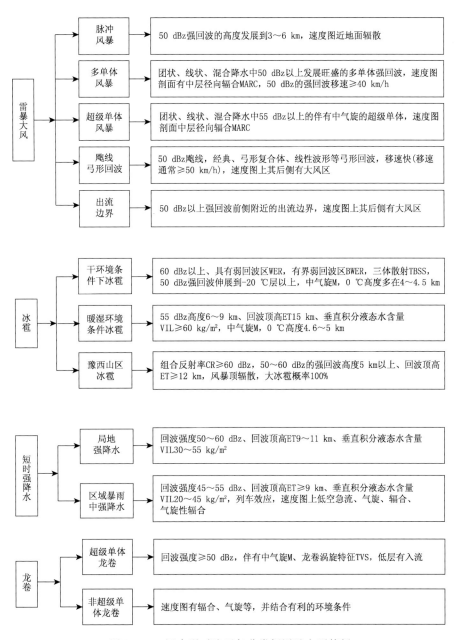

图 2.5.1　河南强对流天气分类框图及主要特征

第3章 河南省重大灾害性强对流天气分析和雷达回波演变特征

　　对流天气形成的三个基本条件是水汽、不稳定层结和抬升力,水汽和不稳定层结可以认为是发生对流天气的内因,而抬升条件则是外因,对流性天气的预报也就是以这三个条件为根据所做的分析和预报(朱乾根等,2000)。风暴的种类及潜在的影响力很大程度上取决于环境的热力不稳定(浮力)、风的垂直切变和水汽的垂直分布。浮力决定了垂直方向上空气的加速程度,与风暴强度直接相关,垂直风切变有利于风暴发展、加强和维持,决定了风暴类型的演变和发展(俞小鼎等,2006)。

　　21世纪以来,随着我国新一代天气雷达布网和加密自动站等现代化探测设备的业务应用,显著提高了中小尺度灾害天气的监测预警能力。特别是2009年后中尺度天气分析业务的开展标志着强对流天气预报预警向专业化方向发展,许多气象工作者对强对流天气进行了专项研究(张小玲等,2010;何立富等,2011;俞小鼎等,2012;孙继松等,2012;郑媛媛等,2011;许爱华等,2014;张涛等,2013;蓝渝等,2013;张一平等,2013),从强对流天气形成的物理机制和预报基础到强对流天气形成的天气系统配置模型的建立等方面做出了大量科研工作,提高了我国强对流天气发生发展规律的认识和分析预报水平。

　　然而,气象学界对强对流天气过程中不同天气现象(如雷暴大风、冰雹、极端短时强降水和龙卷等)的酝酿、发生、发展、传播和消亡等物理过程的认识程度远不如其他灾害天气过程(如区域暴雨、暴雪、寒潮等)那样清晰(孙继松等,2014)。强对流天气是中小尺度天气,它产生的天气背景对对流系统的移动、组织有非常大的影响。在不断的预报预警业务实践中,体会到强对流天气的形成机理非常复杂,不同的天气形势,有不同的雷达回波形式,在同类相似天气形势下,大气层结结构和物理量特征以及地面中尺度天气系统不同,也会表现出不同的雷达回波形式。雷达回波形成后,其发展、演变特征也各有其特点。鉴于此,对新一代天气雷达运行以来(以时间为线索)的河南重大灾害性强对流天气过程的相关资料进行了收集、处理,试图从实况(灾情图片略)、常规天气图分析、探空(辅以有指示意义的物理量)结合雷达回波演变特征,对近年来河南重大灾害性强对流天气分析和雷达回波演变特征进行较为系统的整理和编写,通过这些重大天气个例给预报员提供强对流天气过程的整体认识以及强风暴类型和结构特征的精细参考(具体内容详见前面的技术说明)。另外,选取较多的个例也方便预报和科研人员对河南各种强对流天气进行查找并进行深入分析和研究。

3.1　2006年6月25日豫西、豫北强对流天气

(1)天气实况

　　受华北低涡扩散南下冷空气和下滑槽的影响,2006年6月25日下午到夜里,河南省黄河以北和三门峡、洛阳、郑州、许昌、平顶山等地区出现了大范围的雷暴大风、局部伴冰雹和短时强降水等强对流天气,42个乡镇相继遭受风雹和短时阵雨袭击,最大冰雹直径3～4 cm,瞬时风力达8～10级。本次强对

流天气过程发生在两个时段和两个区域：17—19 时,河南北部安阳地区出现了 20.0～28.1 m/s 的大风,部分乡镇伴有 10～20 mm 降水;鹤壁、新乡、濮阳三地区出现 14.4～18.6 m/s 大风,部分乡镇伴有 30～60 mm 的短时强降水,最大小时乡镇雨量出现在卫辉西部与新乡北部交界的王坟,18—19 时 1 小时降水达 69.3 mm。19—23 时,河南中西部的三门峡、洛阳、济源、焦作、郑州、许昌等地出现了 17.1～32.9 m/s 的雷暴大风,局部伴有冰雹,济源王屋、下冶、大峪乡镇的部分地区出现 3～4 cm 冰雹(牛淑贞等,2008)。

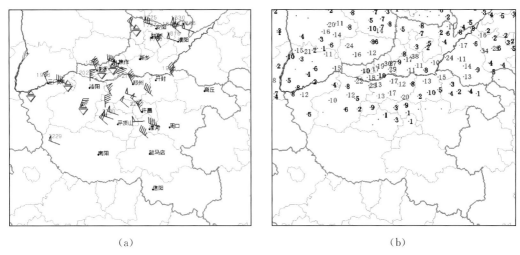

(a)   (b)

图 3.1.1   2006 年 6 月 25 日灾害天气实况和降水量

(a)大风、冰雹实况,(b)25 日 08 时—26 日 08 时降水量

(2)天气形势和中尺度天气分析

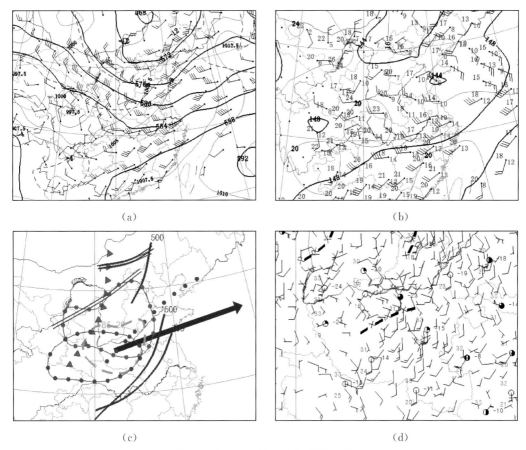

(a)   (b)

(c)   (d)

图 3.1.2   2006 年 6 月 25 日天气图

(a)08 时 500 hPa 高空图和 14 时海平面气压,(b)08 时 850 hPa 高空图,(c)08 时高空综合分析图,(d)14 时地面图

(3)单站(订正)探空

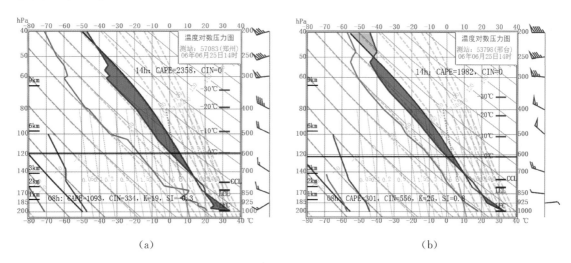

(a)　　　　　　　　　　　　　　(b)

图 3.1.3　2006 年 6 月 25 日单站探空 $T-\ln P$ 图

(a)14 时郑州地面温度、露点订正的郑州站,(b)14 时安阳地面温度、露点订正的邢台站

(4)雷达回波特征

①雷达回波演变

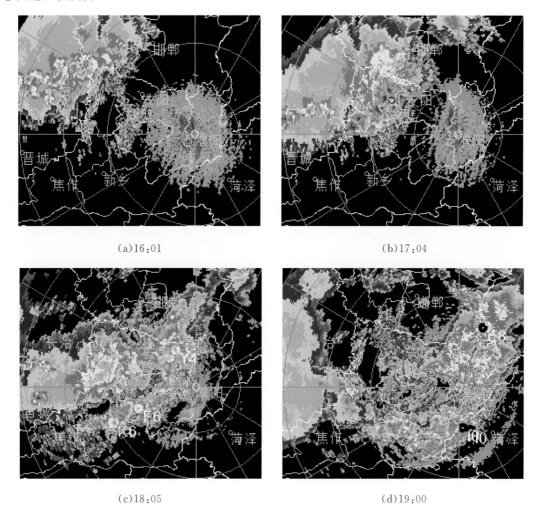

(a)16:01　　　　　　　　　　　(b)17:04

(c)18:05　　　　　　　　　　　(d)19:00

图 3.1.4　2006 年 6 月 25 日 16:01—19:00 濮阳雷达 1.5°基本反射率因子

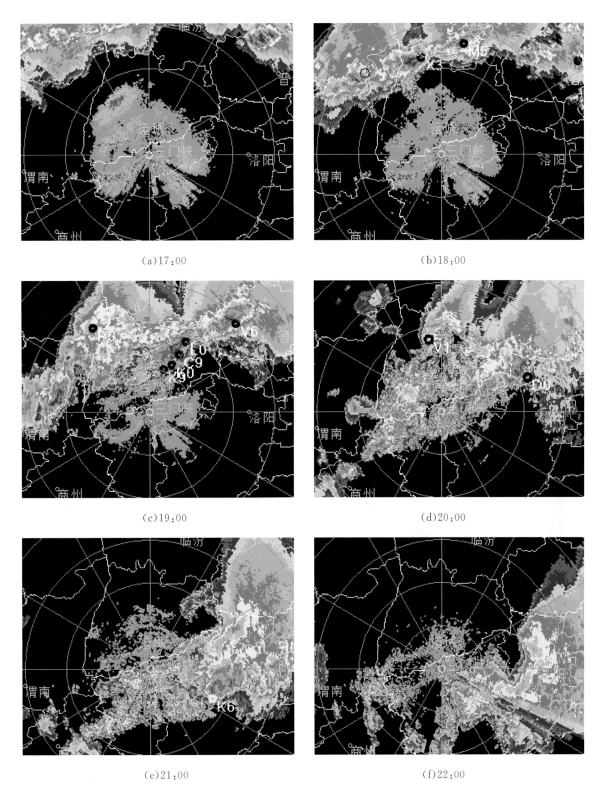

(a)17:00

(b)18:00

(c)19:00

(d)20:00

(e)21:00

(f)22:00

图 3.1.5　2006 年 6 月 25 日 17:00—22:00 三门峡雷达 1.5°基本反射率因子

②典型特征

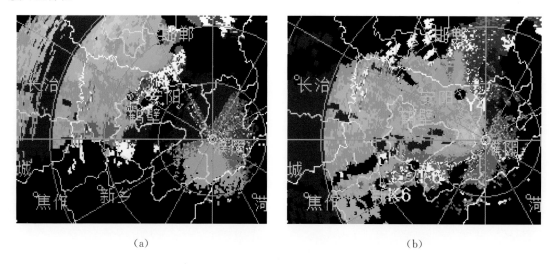

(a)   (b)

图 3.1.6 2006 年 6 月 25 日濮阳雷达 1.5°平均径向速度
(a)17:04,(b)18:05

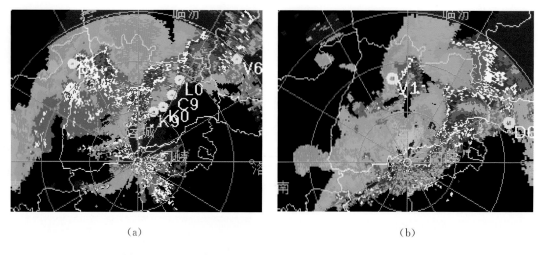

(a)   (b)

图 3.1.7 2006 年 6 月 25 日三门峡雷达 1.5°平均径向速度
(a)19:00,(b)20:00

(5)小结

①此次强对流天气发生在蒙古低涡后部横槽携带冷空气南下的西北气流形势下,低层有切变线和暖脊,地面有中尺度辐合线。

②大气层结上干下湿,午后地面辐射增温加剧了上干冷、下暖湿的不稳定大气层结,14 时温度露点订正后的单站探空有较大对流有效位能,对流抑制能量迅速减小。

③午后在山西南部临汾、长治一带有对流回波生成,随后加强向东南移动,傍晚到夜里分别有强对流回波影响河南北部和西部地区,北部强对流天气基本反射率在 53~63 dBz,回波顶高 9~14 km,垂直积分液态水含量在 38~48 kg/m² 之间;西部、中部的强对流天气,强中心基本反射率在 53~65 dBz,回波顶高度在 11~16 km,对应垂直积分液态水含量在 48~63 kg/m² 之间,濮阳和三门峡雷达基本反射率因子图上为不均匀的飑线回波带,部分强回波发展成为超级单体,飑线后侧有明显大风区。

3.2　2007 年 4 月 14 日北中部强对流天气

(1) 天气实况

2007 年 4 月 14 日夜间至 15 日凌晨,河南北中部地区出现雷雨、大风和局地冰雹等强对流天气。20:15—21:24 焦作、济源、洛阳、郑州、开封、许昌、平顶山等地区出现飑线,多站出现 17 m/s 以上的雷暴大风,8 个县市最大风速在 19 m/s 以上,登封最大风速 26.7 m/s,新郑为 24.8 m/s。焦作、延津、封丘、新郑、禹州、长葛、淮滨等地出现冰雹,冰雹最大直径约 5 cm,焦作、洛阳、郑州、许昌共有 23 个乡镇、100 多个行政村受灾,农作物受灾面积 10.07 千公顷,绝收 1.74 千公顷,造成直接经济损失 6846 万元,其中农业直接经济损失 6233 万元。禹州市无梁镇、长葛市婆胡镇、后河镇灾情最为严重,无梁镇降雹时间 20 分钟左右,造成郑州至平顶山公路行车困难。省会郑州市法院后街一棵直径约 50 cm 的梧桐树被大风连根拔起,砸中 6 根电线,造成 400 户居民家停电,商都路一块高约 8 m,长约 500 m 的巨幅广告牌被大风刮倒,金水路友谊宾馆约 20 根铝合金窗框被大风从 30 楼吹落,10 多辆车被砸伤,一辆停放在裕达国贸停车场的面包车被大风从 2 m 多高的高台上吹落,三门峡开发区一座蔬菜瓜果大棚的顶棚玻璃被刮落,造成数名群众被砸伤。

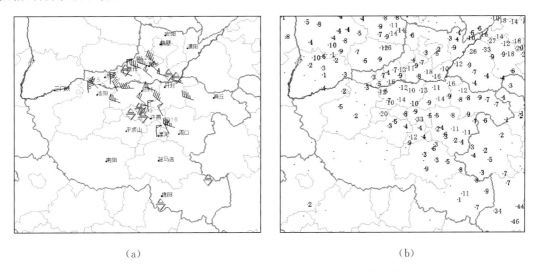

（a）　　　　　　　　　　　　　　　（b）

图 3.2.1　2007 年 4 月 14 日灾害天气实况和降水量
(a)大风、冰雹实况,(b)14 日 08 时—15 日 08 时降水量

(2) 天气形势和中尺度天气分析

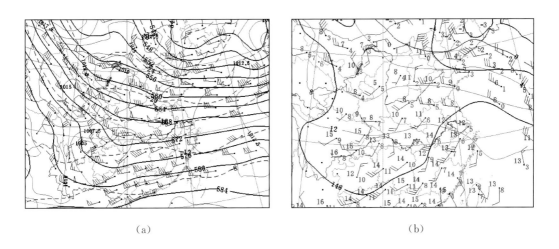

（a）　　　　　　　　　　　　　　　（b）

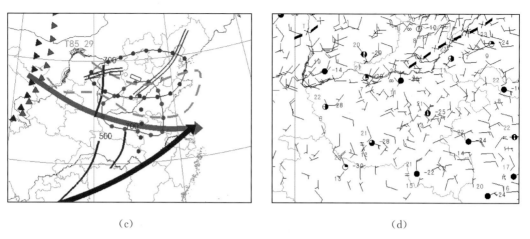

(c)　　　　　　　　　　　　　　(d)

图 3.2.2　2007 年 4 月 14 日天气图
(a)08 时 500 hPa 高空图和 14 时海平面气压,(b)08 时 850hPa 高空图,
(c)08 时高空综合分析图,(d)14 时地面图

(3)单站(订正)探空

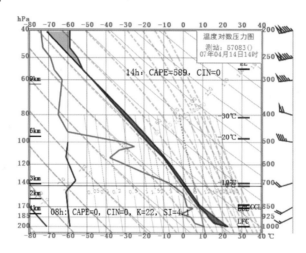

图 3.2.3　2007 年 4 月 14 日 14 时郑州地面温度、露点订正的 08 时郑州探空 $T-\ln P$ 图

(4)雷达回波特征

①雷达回波演变

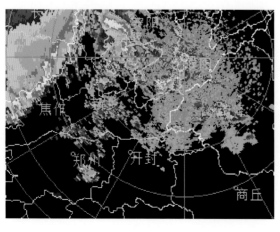
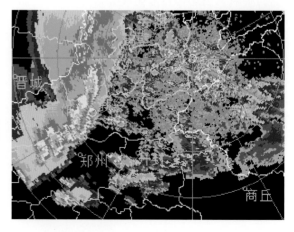

(a)20:04　　　　　　　　　　　　　　(b)20:59

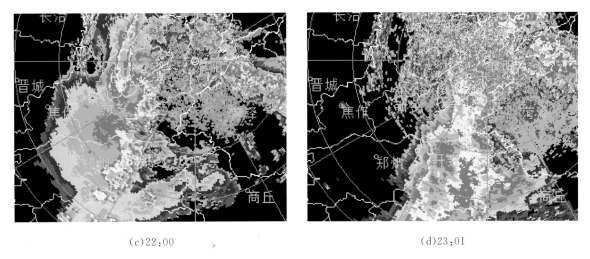

(c)22:00 (d)23:01

图3.2.4 2007年4月14日20:04—23:01濮阳雷达1.5°基本反射率因子

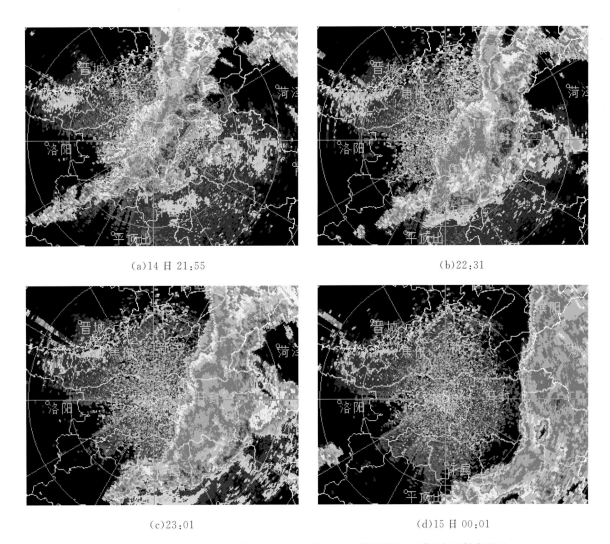

(a)14日21:55 (b)22:31

(c)23:01 (d)15日00:01

图3.2.5 2007年4月14日21:55—15日00:01郑州雷达0.5°基本反射率因子

②典型特征

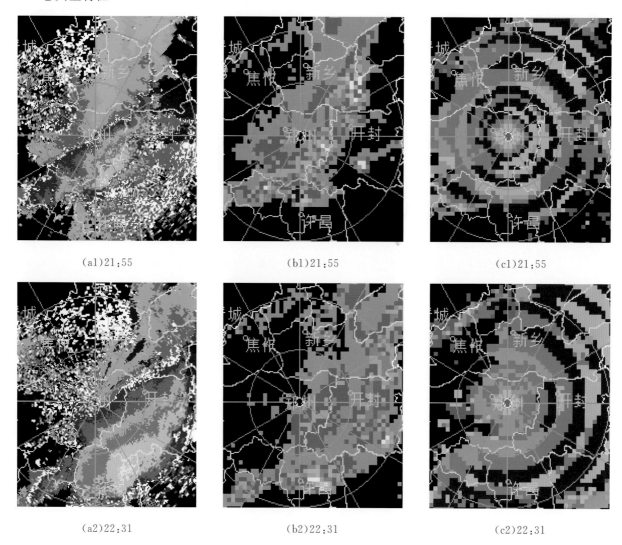

(a1)21:55　　　　　　　　　(b1)21:55　　　　　　　　　(c1)21:55

(a2)22:31　　　　　　　　　(b2)22:31　　　　　　　　　(c2)22:31

图 3.2.6　2007 年 4 月 14 日郑州雷达产品

((a)、(b)、(c)分别为 0.5°平均径向速度、垂直积分液态水含量和回波顶高,1、2 表示不同时间,分别为 21:55 和 22:31)

(5)小结

①在西西北气流形势下,受 700 hPa 短波槽和低层暖脊及地面华北扩散南下冷空气影响,2007 年 4 月 14 日河南北中部部分地区出现了区域雷暴大风和局地冰雹等强对流天气。

②500 hPa 以下为西南风,风随高度略顺转,有暖平流,大气层结上干冷下暖湿,850 hPa 和 500 hPa 温差达 29 ℃,14 时订正后的单站探空资料显示有较大的对流有效位能,大气层结由稳定转化为不稳定层结。

③从濮阳雷达产品看,20 时在焦作西部有对流回波自西北向东南移动,并逐渐加强,从 21:55 郑州雷达(之前资料缺)产品看,自鹤壁经郑州到平顶山西部有一明显的弓形飑线强回波带,对应平均径向速度图上有明显大风区,此飑线回波以 40～50 km/h 的速度自西西北向东东南移动,造成中部大部分地区出现了强风雹天气。

3.3　2007年7月27日北中部强对流天气

(1)天气实况

2007年7月27日受副高边缘和西风槽前西南气流影响,12—21时河南省西部、北中部出现了剧烈的强对流天气,部分地区出现了雷暴大风和短时强降水,局部出现冰雹和龙卷。具体灾情如下:27日12:33洛阳市孟津县城关镇九泉村八组出现龙卷,持续时间十几分钟,在场的人看到空中一团带尾巴的黑风,响声如同飞机经过一般,导致供电线路损坏中断3小时左右;一农户一个长30 m,宽8.5 m,高3.7 m的鸡棚完全倒塌,砸伤2人,棚内20000只小鸡受伤,当场死亡1000只左右,鸡棚上重约20 kg的草扇刮至高约15 m的高压线上,水平距离200 m左右,损坏房屋2间,仅此农户直接经济损失就有4万元左右。27日16—23时,开封地区自南向北先后出现雷雨大风等强对流天气。很多树木被连根拔起,18时前后开封市区东北部、兰考县出现了短时冰雹。开封市区铁北街300 m距离内大树基本被连根拔起,开封到尉氏大路旁30多棵直径30 cm的大杨树被连根拔起,个别地方树木、广告牌被刮倒;兰考63户163间房屋倒塌,农作物受灾面积3.6万亩[*],倒树3.81万棵。27日16—17时许昌市所辖许昌县、魏都区、襄城县、鄢陵县局部出现雷雨大风、冰雹并伴有短时强降水天气,许昌县小召乡盐城村南的天波机械厂新建办公楼房顶被大风掀翻,厂房房梁、玻璃严重受损;附近部分树木被大风吹倒,少量民房被倒伏的大树压蹋。襄城县范湖乡大部分村庄遭大风、大雨掺杂短时冰雹袭击,约有70%大豆、玉米等农作物倒伏受灾;部分低洼地区积水严重;茨焦路襄城县路段树木普遍被大风吹得稍有倾斜,风力强劲地区大树被刮倒,个别民宅被大风刮倒的树木砸毁,据统计,刮倒树木共2万余棵。鄢陵县南坞、望田、陶城出现强降水并伴有冰雹,冰雹直径大如核桃,小如玉米粒,维持时间10~15分钟。风雹天气导致100208人受灾,农作物受灾面积92800亩,绝收3000亩,倒塌民房341间,损坏30间,直接经济损失1794万元,农业经济损失1432万元。27日16:30—16:40临颍县王家店镇、陈庄乡、皇帝庙乡出现冰雹天气,最大冰雹直径10 mm,并伴有短时雷雨大风,瞬时阵风7级以上(陈红霞等,2008)。

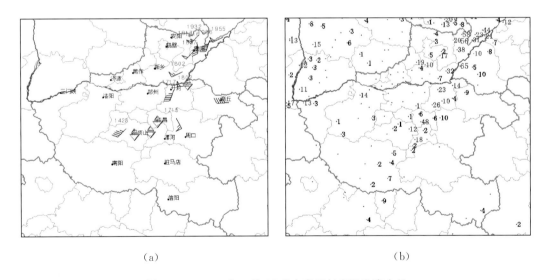

（a）　　　　　　　　　　　　　（b）

图3.3.1　2007年7月27日灾害天气实况和降水量
(a)大风、冰雹实况,(b)27日08时—28日08时降水量

---

　*　1亩=1/15公顷,下同。

(2)天气形势和中尺度天气分析

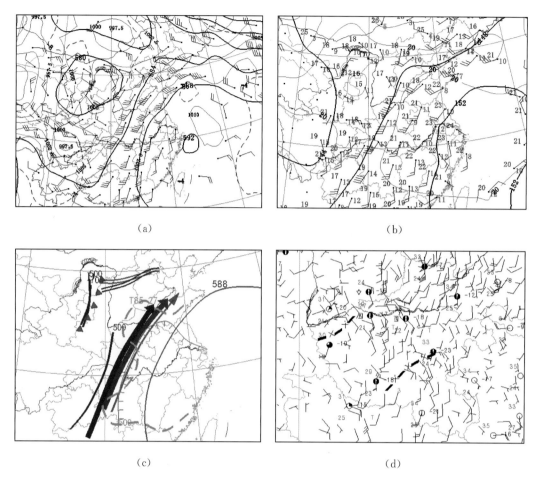

(a) (b)

(c) (d)

图 3.3.2　2007 年 7 月 27 日天气图

(a)08 时 500 hPa 高空图和 14 时海平面气压,(b)08 时 850 hPa 高空图,

(c)08 时高空综合分析图,(d)14 时地面图

(3)单站(订正)探空

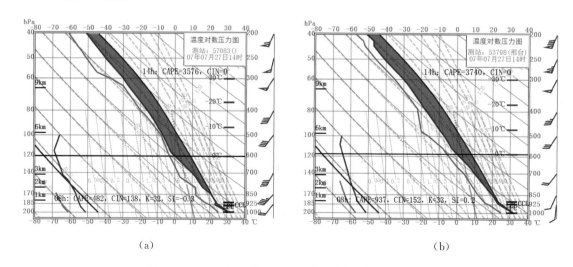

(a) (b)

图 3.3.3　2007 年 7 月 27 日 08 时单站订正探空 $T-\ln P$ 图

(a)14 时临颍地面温度、露点订正的郑州站,(b)14 时内黄地面温度、露点订正的邢台站

（4）雷达回波特征

①雷达回波演变

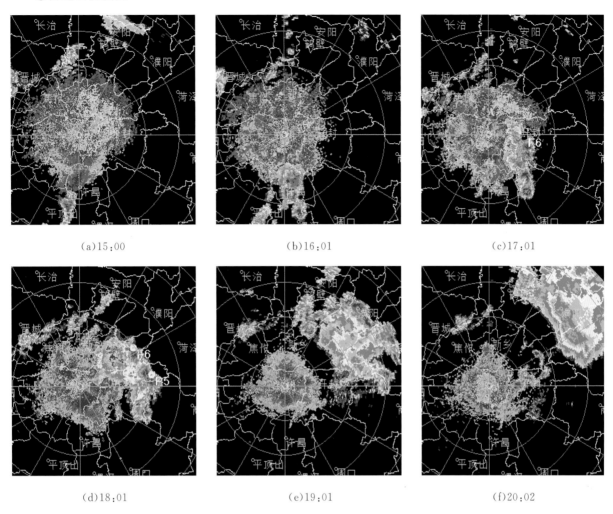

|(a)15:00|(b)16:01|(c)17:01|
|(d)18:01|(e)19:01|(f)20:02|

图 3.3.4　2007 年 7 月 27 日 15:00—20:02 郑州雷达 1.5°基本反射率因子

②典型特征

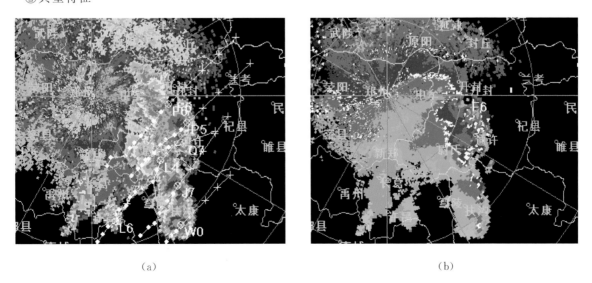

|(a)|(b)|

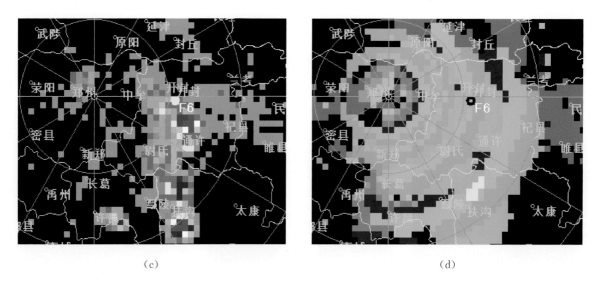

(c)　　　　　　　　　　　　　　　(d)

图 3.3.5　2007 年 7 月 27 日 17:01 郑州雷达产品

(a)1.5°基本反射率因子,(b)1.5°平均径向速度,(c)垂直积分液态水含量,(d)回波顶高

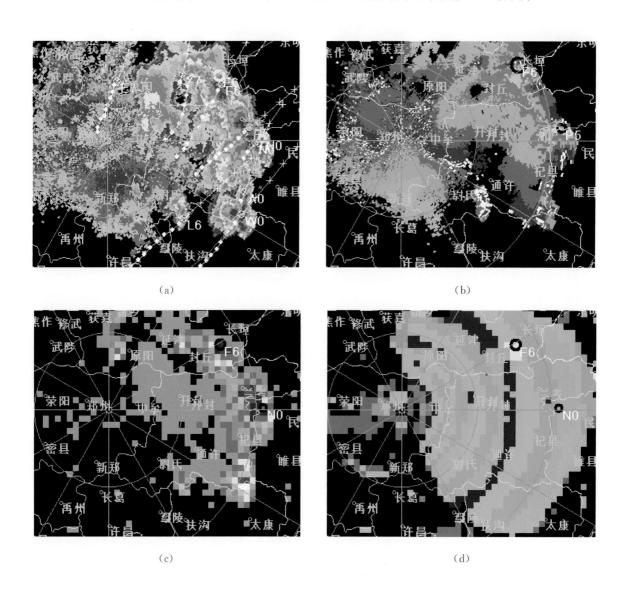

(a)　　　　　　　　　　　　　　　(b)

(c)　　　　　　　　　　　　　　　(d)

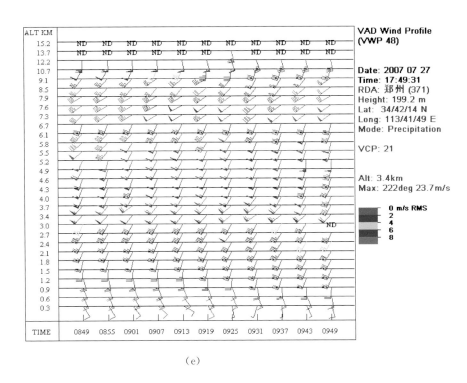

(e)

图 3.3.6　2007 年 7 月 27 日 17:49 郑州雷达产品

(a)1.5°基本反射率因子,(b)1.5°平均径向速度,(c)垂直积分液态水含量,(d)回波顶高,(e)风廓线

(5)小结

①2007 年 7 月 27 日河南中东部、北部强对流天气的主要影响系统是副高边缘较强暖湿急流和地面弱辐合线。08 时高空图上,588 线位于阳江、安庆到成山头一线,河套北部有一低涡,自低涡向南伸有一低槽,中低层河套北部有低压环流,低空急流自广西经湖南、湖北、河南伸向山东,河南自上而下均处于较强西南气流中,地面图上,河南处在东高西低的气压场中,河南中部有弱辐合线。

②单站探空图上显示此次过程湿层深厚,随着午后地面辐射增温和暖湿气流的加强,14 时温度和露点订正后的探空不稳定能量明显增大,具有较强的水汽和热力不稳定条件,中低层有较大的垂直风切变。

③孟津境内龙卷由 12 时洛阳西部的弱回波快速向东北偏北移动并强烈发展,由非超级单体诱发产生(因距郑州和三门峡雷达较远,不能有效探测)。14—15 时对流自南部漯河、平顶山附近生成后加强、合并,对流发展旺盛,部分发展成为超级单体,在高低空一致深厚的西南气流引导下,快速向东北移动。本次强对流天气使河南中东部、北部出现了大范围的雷暴大风并伴有短时强降水等灾害天气,雨量分布不均。

3.4　2007 年 7 月 29—30 日北中部雷暴大风和卢氏县强降水天气

(1)天气实况

2007 年 7 月 29 日下午到 30 日,河南西部、北部出现了区域暴雨、局部大暴雨。豫西卢氏气象站过程降水量为有记录以来同期最高值、日降水量最高值、小时降水量最高值。其中大于 100 mm 的乡镇雨量是:官道口 172.1 mm、杜关 160.6 mm,狮子坪 151.0 mm,卢氏城区 145.4 mm,横涧 142.9 mm,范里 120.1 mm,双槐树 131.0 mm,官坡 113.7 mm(另外降水量较大的瓦窑沟、五里川、潘河、徐家湾、沙河、磨口、汤河等乡镇雨量站因停电雨量有误,估计部分站点降水量在 200 mm 以上)。卢氏县地属山区,地形和地表状况以及强降水致使该县发生了历史罕见的暴雨山洪灾害,30日凌晨4点左右该县14个乡镇水、电、路、通信全部中断。这次暴雨致78人死亡,多条道路毁坏断行,10多万亩农作物受灾,6000多间民房倒塌,交通、电力、通信、生态遭到严重破坏,造成了重大经济损失和人员伤亡。与此同时,与卢氏相邻的陕县支建煤矿7月29日早晨由于此次暴雨引发透水事故,但由于营救及时,措施得力,69名矿工在井下被困76小时后全部获救生还。此次大范围暴雨过程中,北中部部分县市出现雷暴大风、短时强降水等强对流天气。29日下午到夜里,河南北中部禹州、原阳、淇县、滑县、开封、清丰、南乐、台前等出现了局地短时大风。16时左右,郑州遭遇强对流天气,瞬时大风吹倒郑州市文化路北环交叉口某汽车销售公司新车展位旁的巨幅广告牌。30日下午,随着低槽东移、副高东退,雨区东移,汝阳、郏县、宝丰、方城、兰考等地出现了雷暴大风天气。

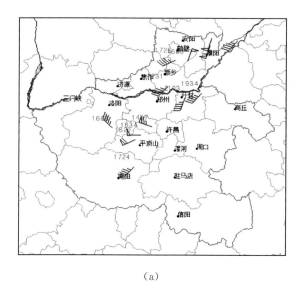

(a)

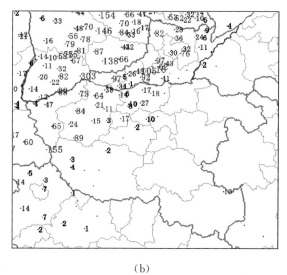

(b)

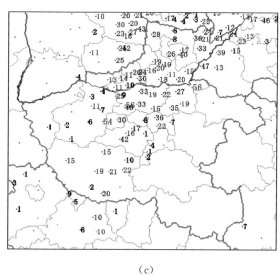

(c)

图 3.4.1 2007 年 7 月 29—30 日灾害天气实况和降水量

(a)大风实况(红色数字与大风符号为 29 日资料,蓝色数字与大风符号为 30 日资料),

(b)29 日 08 时—30 日 08 时降水量,(c)30 日 08 时—31 日 08 时降水量

(2)天气形势和中尺度天气分析

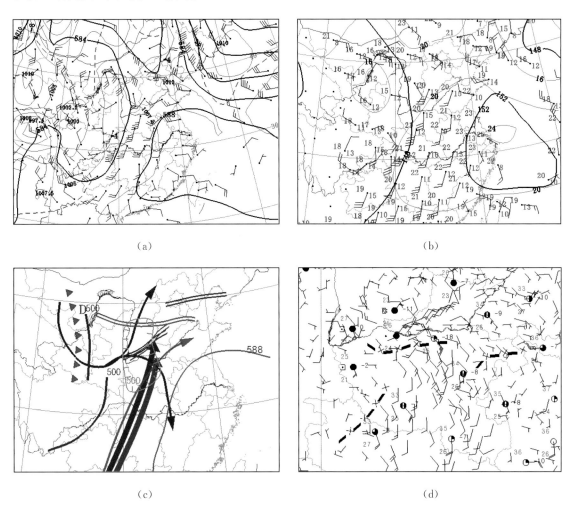

图 3.4.2　2007 年 7 月 29 日天气图
(a)08 时 500 hPa 高空图和 14 时海平面气压,(b)08 时 850 hPa 高空图,
(c)08 时高空综合分析图,(d)14 时地面图

(3)单站(订正)探空

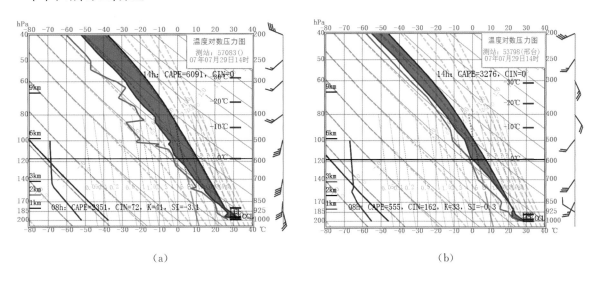

(a)　　　　　　　　　　　　　　　　　(b)

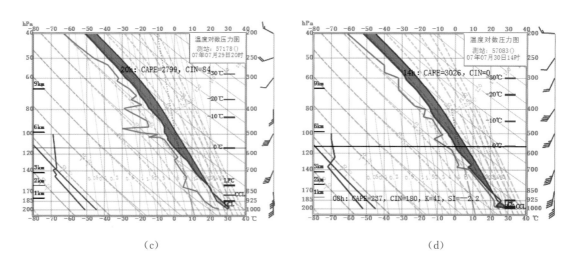

图 3.4.3　2007 年 7 月 29—30 日单站及订正探空 $T-\ln P$ 图

(a)29 日 14 时禹州地面温度、露点订正的当日 08 时郑州站,(b)29 日 14 时滑县地面温度、露点订正的当日 08 时邢台站,
(c)29 日 20 时南阳探空,(d)30 日 14 时开封地面温度、露点订正的当日 08 时郑州站

(4)雷达回波特征

①雷达回波演变

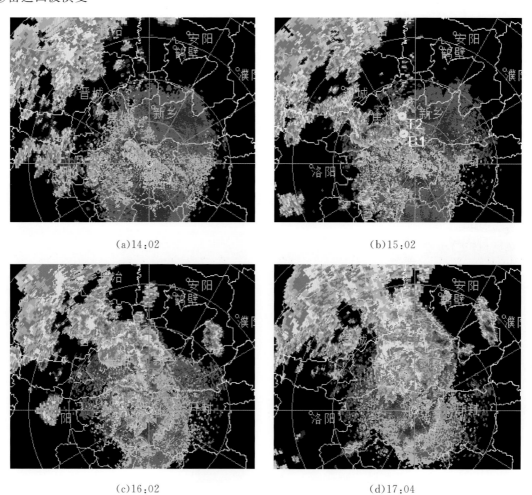

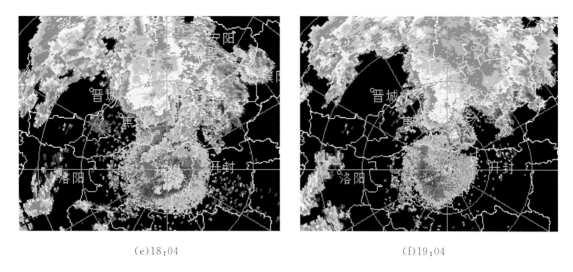

(e)18:04　　　　　　　　　　　　　　　　(f)19:04

图 3.4.4　2007 年 7 月 29 日 14:02—19:04 郑州雷达 1.5°基本反射率因子

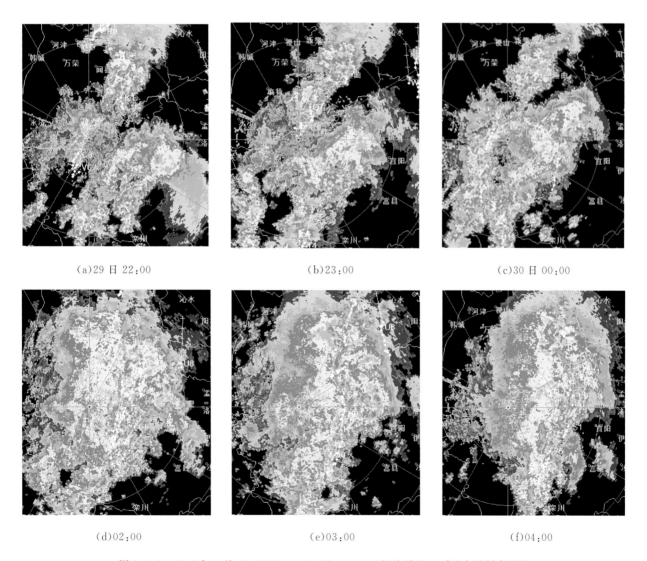

(a)29 日 22:00　　　　　　(b)23:00　　　　　　(c)30 日 00:00

(d)02:00　　　　　　(e)03:00　　　　　　(f)04:00

图 3.4.5　2007 年 7 月 29 日 22:00—30 日 04:00 三门峡雷达 2.4°基本反射率因子

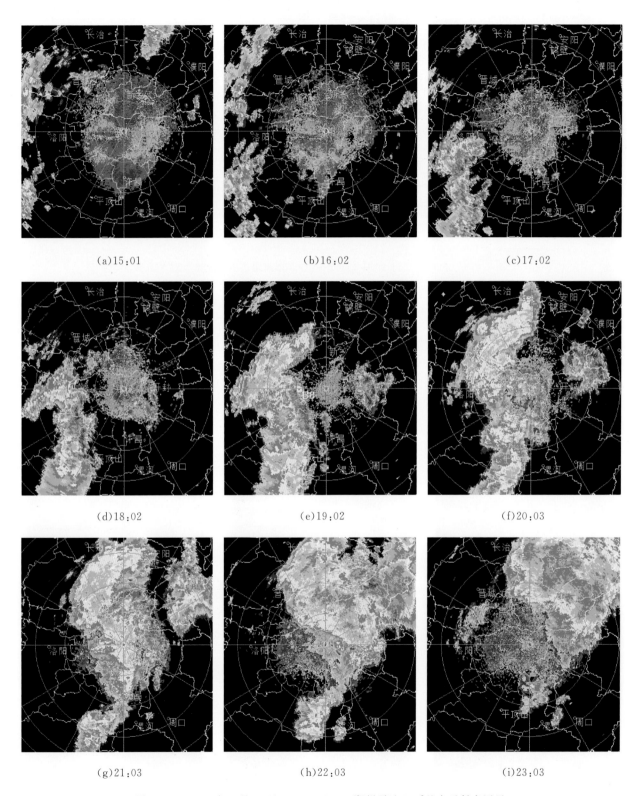

(a)15:01 (b)16:02 (c)17:02

(d)18:02 (e)19:02 (f)20:03

(g)21:03 (h)22:03 (i)23:03

图 3.4.6　2007 年 7 月 30 日 15:01—23:03 郑州雷达 1.5°基本反射率因子

②典型特征

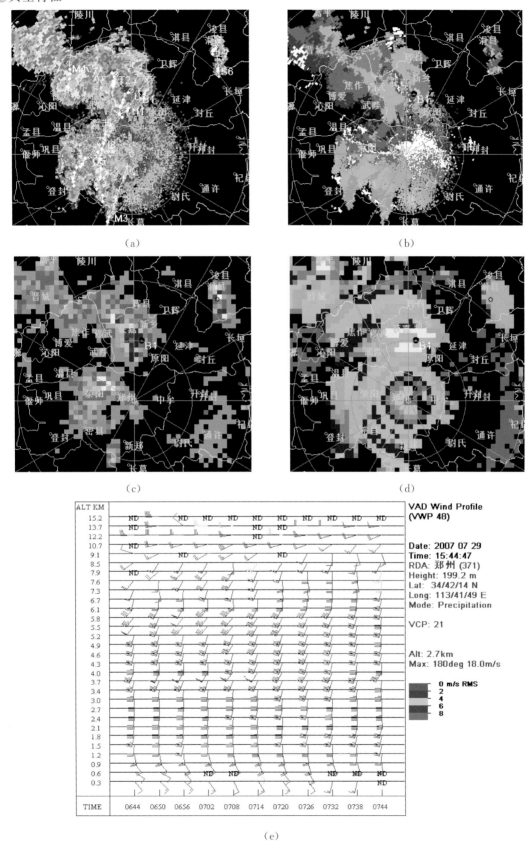

(a)

(b)

(c)

(d)

(e)

图 3.4.7　2007 年 7 月 29 日 15:44 郑州雷达产品

(a)1.5°基本反射率因子,(b)1.5°平均径向速度,(c)垂直积分液态水含量,(d)回波顶高,(e)风廓线

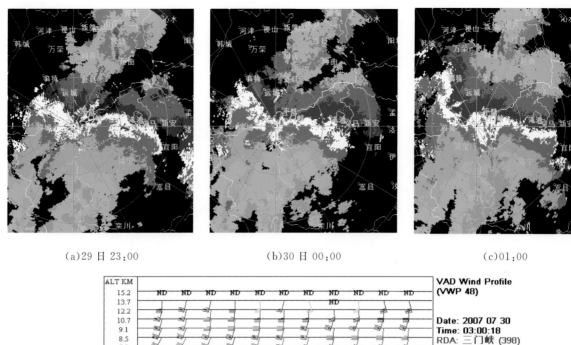

(a)29日23:00　　　　　　(b)30日00:00　　　　　　(c)01:00

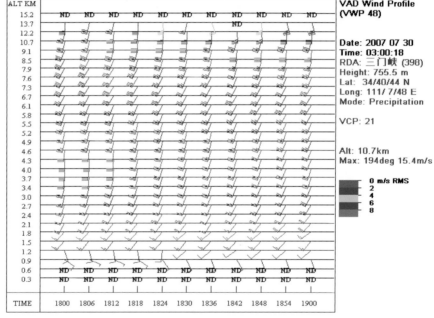

(d)03:00

图3.4.8　2007年7月29—30日三门峡雷达产品

(a)、(b)、(c)分别为29日23时、30日00时和01时1.5°平均径向速度,(d)为30日03时风廓线

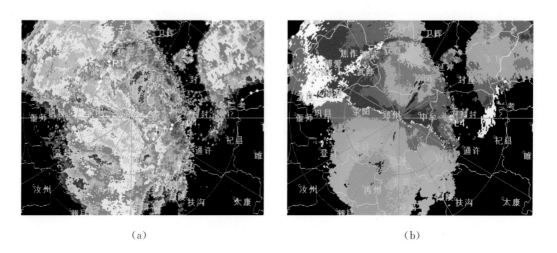

(a)　　　　　　　　　　　　　　　　　　(b)

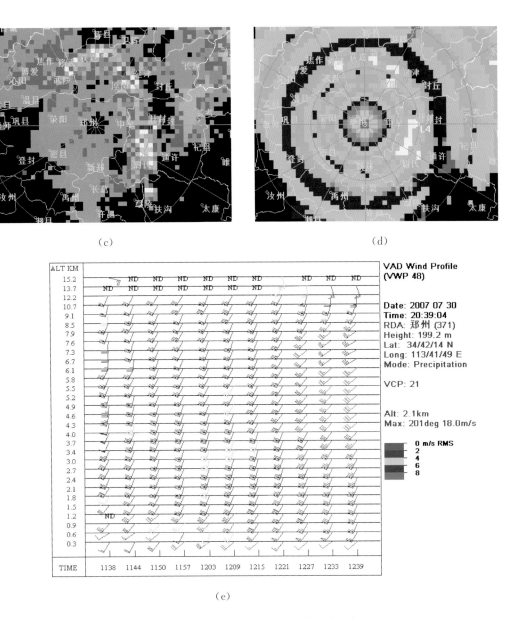

（c）　　　　　　　　　　　　　　　　　　　（d）

（e）

图 3.4.9　2007 年 7 月 30 日 20:39 郑州雷达产品

（a）1.5°基本反射率因子,（b）1.5°平均径向速度,（c）垂直积分液态水含量,（d）回波顶高,（e）风廓线

（5）小结

①2007 年 7 月 29—30 日豫西、豫北区域暴雨、强对流天气发生在副高边缘西南气流影响的形势下。29 日 08 时 588 线位于射阳、阜阳、长沙到阳江一线,银川附近有一低涡中心,银川、汉中到百色一线有一低槽,29 日 20 时系统稳定,影响河南省西部、西北部地区,30 日,副高东退,低槽东移影响河南大部分地区。暴雨、强对流灾害天气发生在有利的大尺度环境场稳定维持的背景下,由低空急流、中低层切变线和弱冷空气共同影响而造成,由中小尺度暴雨云团生成、加强、合并、维持而产生。

②单站探空图上低层风速大,风随高度顺时针旋转有暖平流,湿层深厚,大气层结不稳定,对流层中低层垂直风切变大,14 时温度露点订正后有较大对流有效位能。

③雷达回波图上,29 日下午过程前期,河南中部地面辐合线附近有对流回波群生成,随后逐渐加强、合并,对流旺盛,部分发展成为超级单体,在西南气流引导下,向东北方向移动,其后侧不断有新生单体生成。29 日夜里降水回波带主要位于豫西地区并稳定维持,基本反射率因子图上表现为混合降水回波,

113

单体回波移动方向和回波带方向基本一致,强回波多次经过豫西山区,因"列车效应"造成该地过程降水量显著增大。30日下午到夜里,随着副高略东退,午后西部回波再度发展,并不断加强、合并,在郑州附近组织成飑线回波带向东北方向移动,从平均径向速度和风廓线图上都可以看出明显的偏南或西南风低空急流。

3.5 2007年8月2日郑州局地暴雨天气

(1)天气实况

2007年8月2日河南大部分地区出现了阵雨、雷阵雨天气,雨量分布不均。其中郑州地区和商丘、周口、驻马店、信阳四地区东部及南阳西部出现暴雨,郑州出现大暴雨。2日07时后,郑州市自西向东开始出现强降水,集中在09—10时,降水强度大、对流性强、持续时间短,郑州市区08—14时六小时累积雨量109.1 mm,市区部分路段积水严重,最深处达2 m,造成部分道路瘫痪,2人被卷进窨井丧生,多人受伤。另外,伴随降水的出现,8月2日白天,焦作、新乡、商丘、周口、驻马店、信阳等地区出现了雷暴大风,沈丘最大瞬时风力达24 m/s(张一平等,2009)。

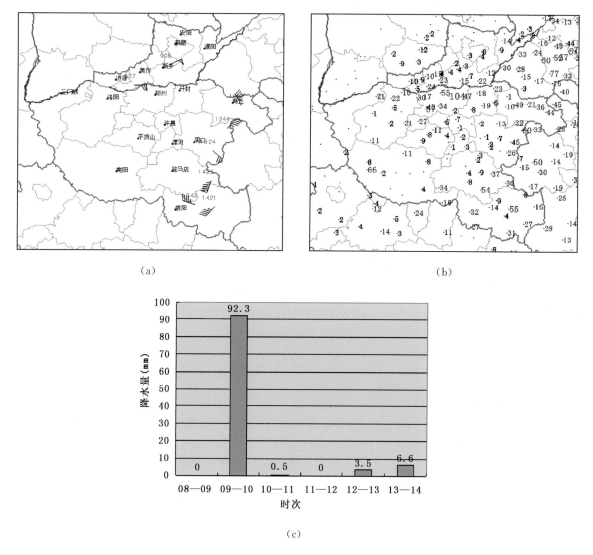

(a)

(b)

(c)

图3.5.1 2007年8月2日灾害天气实况和降水量
(a)大风实况,(b)2日08时—3日08时降水量,(c)郑州站逐小时降水量

(2)天气形势和中尺度天气分析

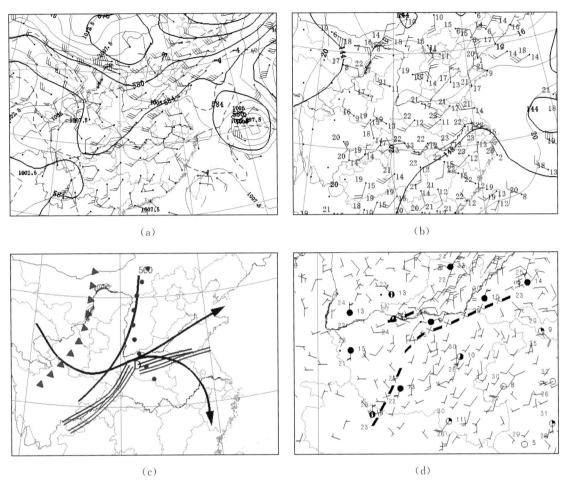

(a)　　　　　　　　　　　　　　　　(b)

(c)　　　　　　　　　　　　　　　　(d)

图 3.5.2　2007 年 8 月 2 日天气图

(a)08 时 500 hPa 高空图和 08 时海平面气压,(b)08 时 850 hPa 高空图,

(c)08 时高空综合分析图,(d)08 时地面图

(3)单站(订正)探空

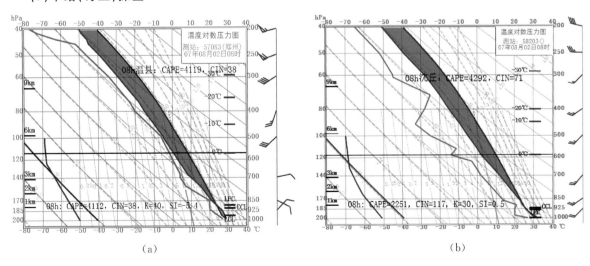

(a)　　　　　　　　　　　　　　　　(b)

图 3.5.3　2007 年 8 月 2 日 08 时单站订正探空 $T-\ln P$ 图

(a)08 时温县地面温度、露点订正的郑州站,(b)08 时沈丘地面温度、露点订正的阜阳站

(4)雷达回波特征

①雷达回波演变

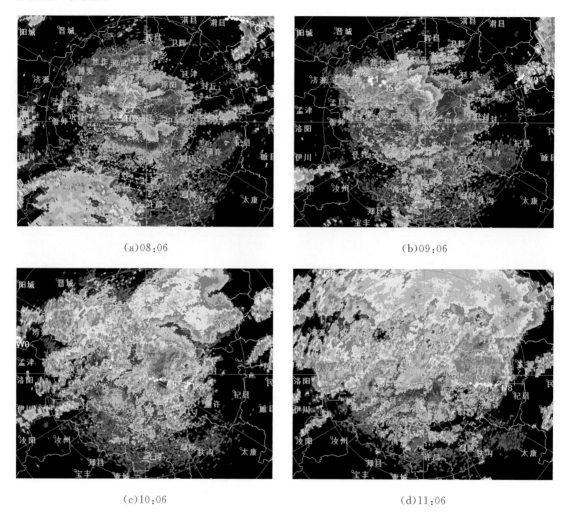

(a)08:06   (b)09:06

(c)10:06   (d)11:06

图 3.5.4　2007 年 7 月 29 日 08:06—11:06 郑州雷达 1.5°基本反射率因子

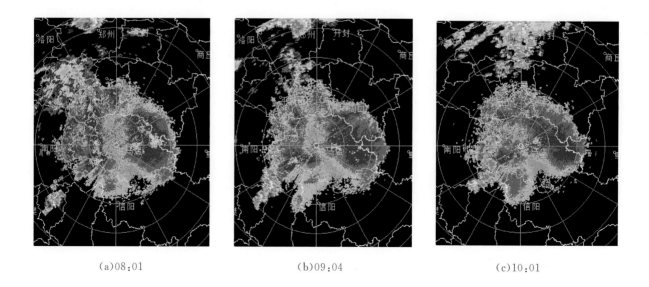

(a)08:01   (b)09:04   (c)10:01

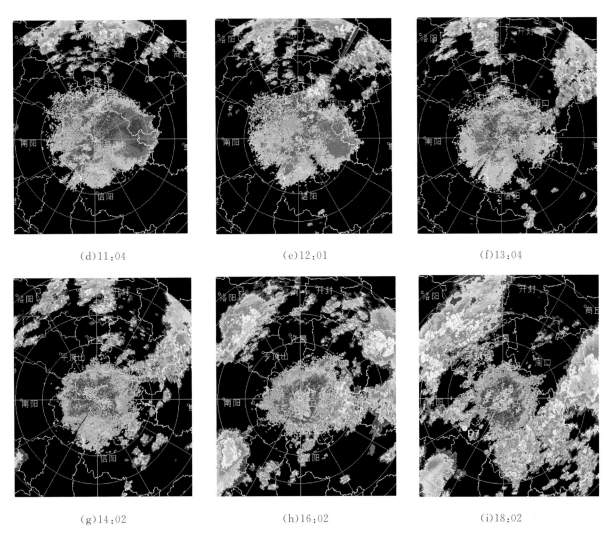

(d)11:04 (e)12:01 (f)13:04

(g)14:02 (h)16:02 (i)18:02

图3.5.5 2007年8月2日08:01—18:02驻马店雷达1.5°基本反射率因子

②典型特征

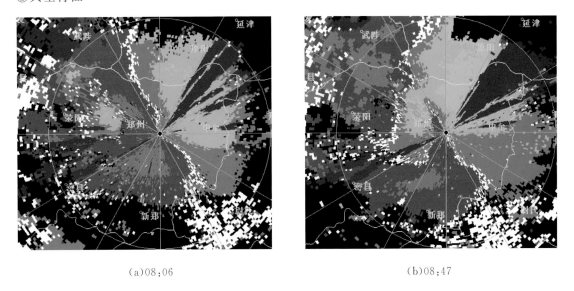

(a)08:06 (b)08:47

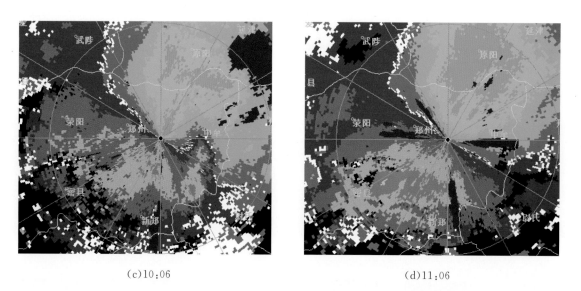

(c)10:06   (d)11:06

图 3.5.6 2007 年 8 月 2 日 08:06—11:06 郑州雷达 1.5°平均径向速度

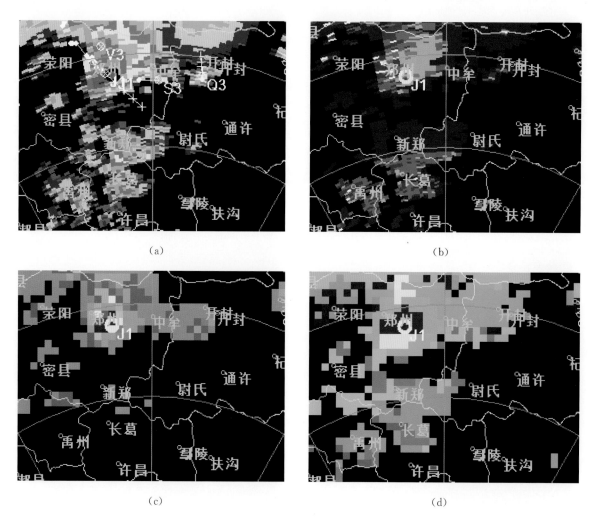

(a)   (b)

(c)   (d)

图 3.5.7 2007 年 8 月 2 日 09:35 驻马店雷达产品

(a)1.5°基本反射率因子,(b)1.5°平均径向速度,(c)垂直积分液态水含量,(d)回波顶高

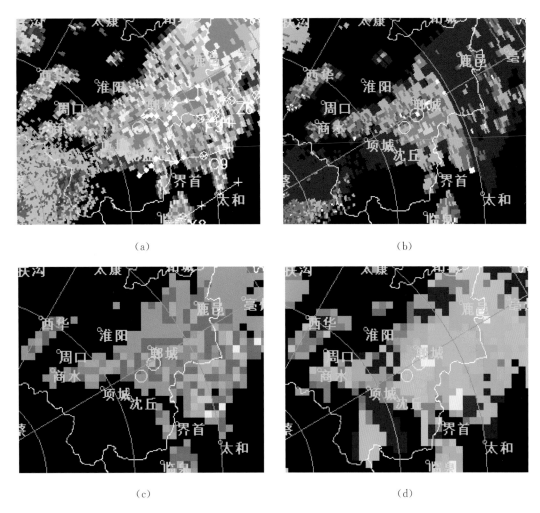

图 3.5.8 2007 年 8 月 2 日 14:01 驻马店雷达产品

(a)1.5°基本反射率因子,(b)1.5°平均径向速度,(c)垂直积分液态水含量,(d)回波顶高

(5)小结

①2007 年 8 月 2 日强对流天气的主要影响系统为高空低槽和中低空切变线及地面中尺度辐合线,2 日早晨郑州为高温、高露点的辐合中心,冷空气从东北路扩散南下,是此次强对流天气的触发条件。

②08 时单站探空有强的对流有效位能,对流抑制弱,湿层深厚,低层辐合抬升触发强对流的同时易出现强降水。

③受华北扩散南下冷空气影响,初始对流从 2 日早晨开始在北部、中部产生,随后冷空气继续南下影响河南东部地区。回波组织性差,但局地对流发展旺盛,郑州灾害性强对流天气是由强降水超级单体造成,驻马店雷达图上周口东部也出现了超级单体回波。

3.6 2007 年 8 月 6 日临颖极端暴雨天气

(1)天气实况

2007 年 8 月 5 日夜里到 6 日早晨,许昌、漯河出现了局地暴雨、大暴雨天气,降水集中出现在 6 日 00—07 时,最大降水中心位于临颖县,12 小时降水量 310 mm。临颖县大郭、杜曲、县城、台陈等地出现了特大暴雨,大郭乡 12 小时降水量达 367.7 mm。04:04 临颖站出现了 32.4 m/s 的狂风,同时还出现了直径 10~20 mm 的冰雹。本次局地特大暴雨伴雷暴大风、冰雹等强对流天气过程造成临颖县农作物受灾面积 54 万亩,成灾面积 35 万亩,倒伏面积 15 万亩,各类家禽死亡 2.2 万只,房屋倒塌 1414 间,死亡 1 人,受伤 3 人,全县直接经济损失达 2.3 亿元。

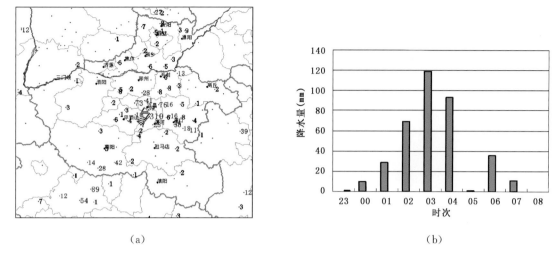

(a)   (b)

图 3.6.1   2007 年 8 月 6 日灾害天气实况和降水量

(a)5 日 08 时—6 日 08 时降水量和大风、冰雹实况,(b)5 日 23 时—6 日 08 时临颍逐时降水量

(2)天气形势和中尺度天气分析

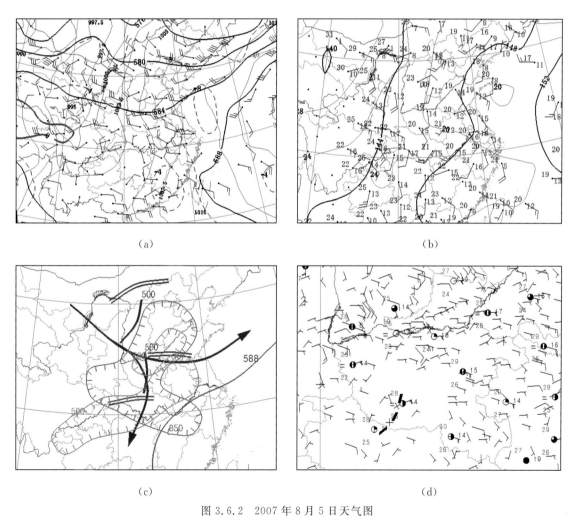

(a)   (b)

(c)   (d)

图 3.6.2   2007 年 8 月 5 日天气图

(a)20 时 500 hPa 高空图和 20 时海平面气压,(b)20 时 850 hPa 高空图,(c)20 时高空综合分析图,(d)20 时地面图

（3）单站（订正）探空

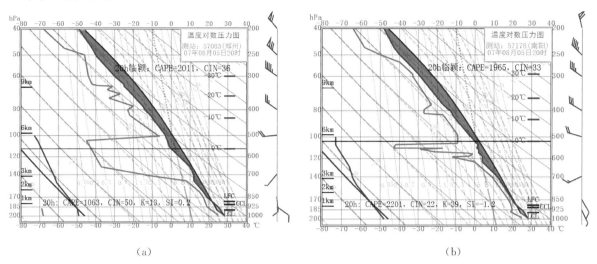

(a)　　　　　　　　　　　　　　　　(b)

图3.6.3　2007年8月5日20时单站订正探空 $T-\ln P$ 图

(a)20时临颍地面温度、露点订正的郑州站，(b)20时临颍地面温度、露点订正的南阳站

（4）雷达回波演变特征

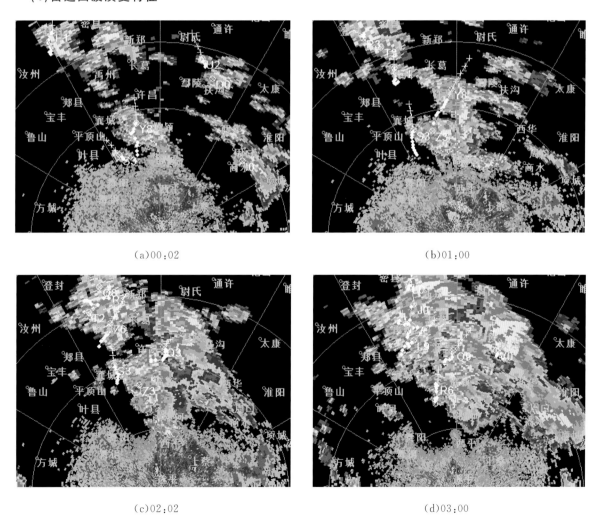

(a)00:02　　　　　　　　　　　　　　　　(b)01:00

(c)02:02　　　　　　　　　　　　　　　　(d)03:00

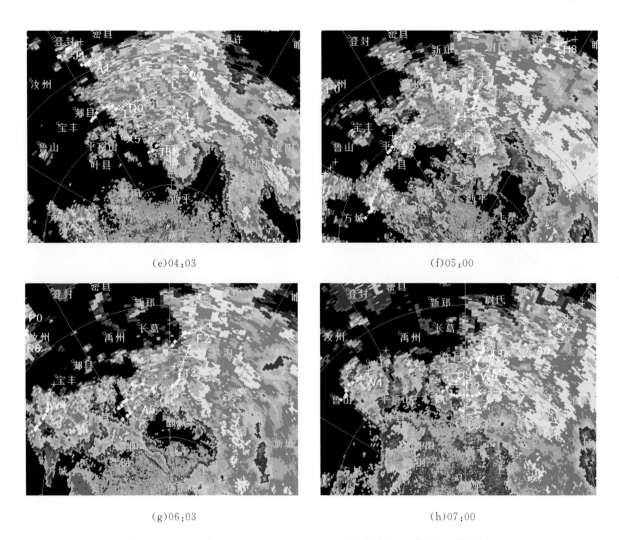

(e)04:03　　　　　　　　　　　　　　(f)05:00

(g)06:03　　　　　　　　　　　　　　(h)07:00

图 3.6.4　2007 年 8 月 6 日 00:02—07:00 驻马店雷达 1.5°基本反射率因子

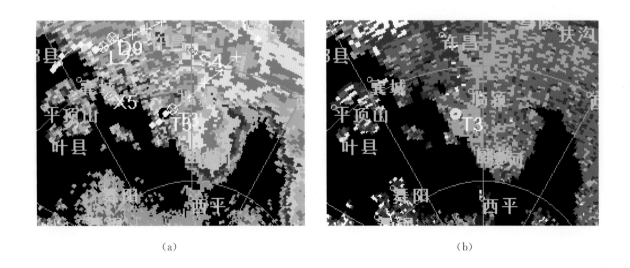

(a)　　　　　　　　　　　　　　　　(b)

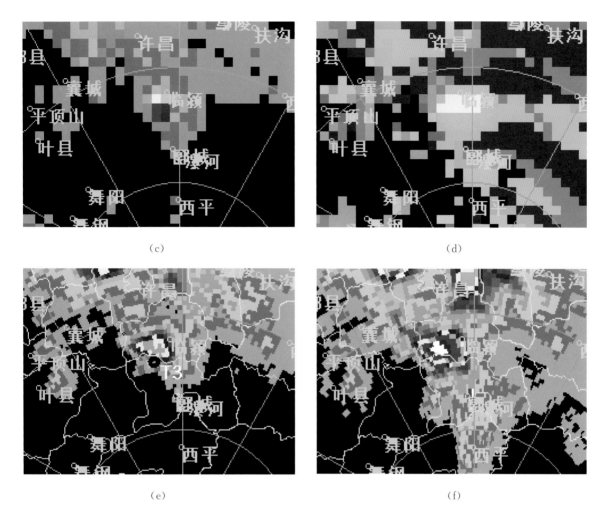

图 3.6.5　2007 年 8 月 6 日 04:03 驻马店雷达产品

(a)1.5°基本反射率因子,(b)1.5°平均径向速度,(c)垂直积分液态水含量,

(d)回波顶高,(e)1 小时累积降水,(f)3 小时累积降水

(5)小结

①2007 年 8 月 6 日临颖局地特大暴雨发生在中纬度短波槽东移、副热带高压西伸北抬的形势下,中低层有弱切变线北抬影响。

②5 日 20 时单站探空 700 hPa 以下基本为饱和层,500 hPa 上下有明显干层,大气层结不稳定,中低层风速较小,有利于强回波维持。夜里低层西南气流明显加强,为暴雨、特大暴雨的产生提供了水汽条件,同时增大了低层垂直风切变和不稳定能量。

③6 日 00—03 时强降水回波在临颖附近生成,并向北缓慢移动,其南部不断有回波生成,形成"列车效应",约 03 时后,其西南部不断有回波生成并向东北方向移动再次影响临颖,使得临颖强降水回波持续至 07 时后逐渐减弱,期间临颖回波对流旺盛。6 日 02—05 时郑州和驻马店雷达多次观测到三维相关切变和中气旋,强降水超级单体的出现预示在持续降水的同时,出现雷暴大风、冰雹、强降水等剧烈灾害性强对流天气的可能性非常大。

3.7 2008年5月3日豫西、豫北强对流天气

（1）天气实况

2008年5月3日，河南普降小到中雨，部分地区出现大雨或暴雨，并伴有雷电、短时强降水、短时大风和局地冰雹等强对流天气，新安县瞬时最大风速达 24.1 m/s。具体灾情如下：14 时获嘉县境内出现强对流天气，过程降雨量照镜 55.7 mm，城关 50.1 mm，亢村 51.1 mm，达到暴雨，城关、照镜同时出现大风、冰雹，最大风速 20.6 m/s，冰雹最大直径 20 mm，强对流天气使获嘉县小麦受到不同程度的灾害，受灾面积达 7000 亩，直接经济损失 108 万元。13—20 时孟津会盟镇和白鹤镇总降水量分别为 79.3 mm 和 70.0 mm，出现暴雨，造成会盟镇陆村一造纸厂进水，20 吨玻璃防震纸被浸泡，直接经济损失 11 万元，雷河的小麦被冲毁 1.3 公顷，直接经济损失 1.6 万元，白鹤镇 80 户农家内涝，倒塌窑洞 1 间，受灾人口 200 人，农作物受灾面积 6 公顷，直接经济损失 3 万元。5月3日中午泌阳县境内发生一起雷击灾害事故，一陈姓户主家其母在厨房做饭，两个女儿站在左右，雷电发生时 7 岁的小女儿当场击死，14 岁的大女儿胸部以下全部烧伤，户主的母亲被击晕在地，室内的家具及电器设备被击坏，窗户玻璃全被击碎。

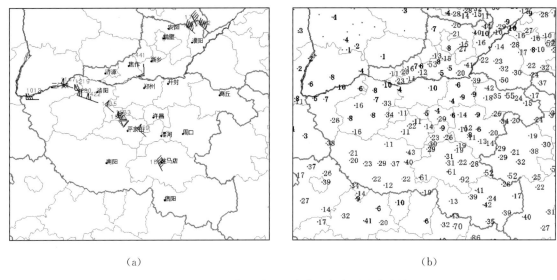

（a）   （b）

图 3.7.1 2008年5月3日灾害天气实况和降水量
（a）大风、冰雹实况，（b）3 日 08 时—4 日 08 时降水量

（2）天气形势和中尺度天气分析

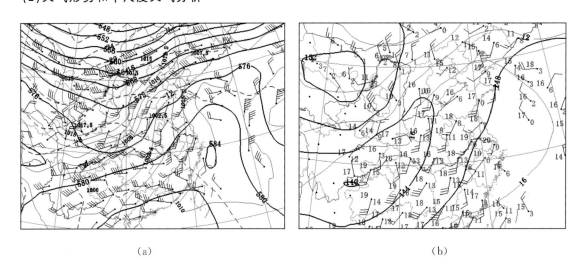

（a）   （b）

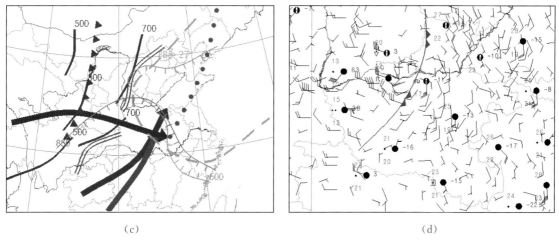

（c）　　　　　　　　　　　　　　　　（d）

图 3.7.2　2008 年 5 月 3 日天气图

（a）08 时 500 hPa 高空图和 14 时海平面气压，（b）08 时 850 hPa 高空图，（c）08 时高空综合分析图，（d）14 时地面图

（3）单站（订正）探空

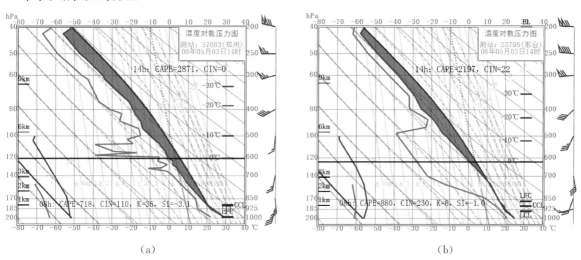

（a）　　　　　　　　　　　　　　　　（b）

图 3.7.3　2008 年 5 月 3 日 08 时单站订正探空 $T-\ln P$ 图

（a）14 时获嘉地面温度、露点订正的郑州站，（b）14 时南乐地面温度、露点订正的邢台站

（4）雷达回波特征

①雷达回波演变

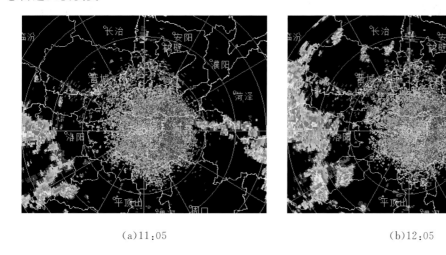

（a）11：05　　　　　　　　　　　　　　（b）12：05

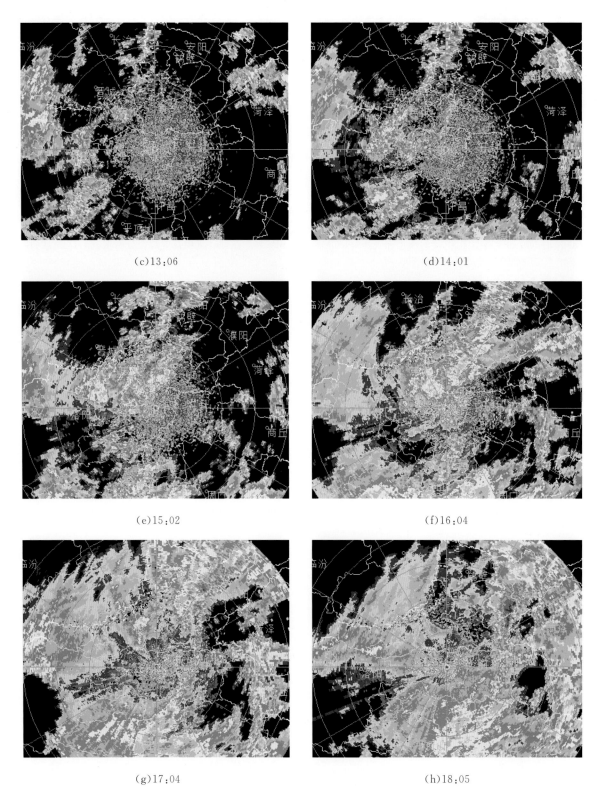

(c)13:06　　　　　　　　　　　　　　(d)14:01

(e)15:02　　　　　　　　　　　　　　(f)16:04

(g)17:04　　　　　　　　　　　　　　(h)18:05

图 3.7.4　2008 年 5 月 3 日 11:05—18:05 郑州雷达 0.5°基本反射率因子

②典型特征

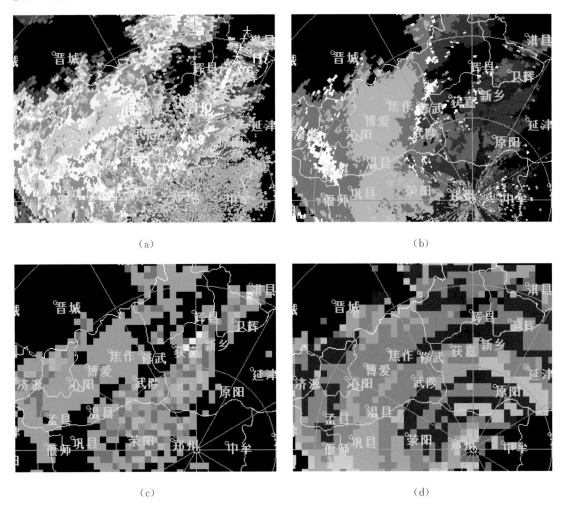

(a)

(b)

(c)

(d)

图 3.7.5　2008 年 5 月 3 日 14:32 郑州雷达产品(获嘉冰雹,速度图上有冷锋即将经过本站)

(a)1.5°基本反射率因子,(b)1.5°平均径向速度,(c)垂直积分液态水含量,(d)回波顶高

(5)小结

①2008 年 5 月 3 日河南强对流天气的主要影响系统为高空槽,中低层有切变线和低空急流,地面冷锋对强对流天气的发生具有触发作用。

②单站探空廓线显示为低层暖湿上层干冷的不稳定层结,14 时订正后的对流有效位能大,为强对流天气的产生提供了不稳定能量。

③受高空槽和地面冷锋东移影响,上午豫西有对流回波生成,加强并东移,对流回波比较分散,部分县市发生强对流天气的时间和冷锋影响时间一致。

3.8　2008 年 6 月 3 日北中部强对流天气

(1)天气实况

2008 年 6 月 3 日河南省出现了大范围的灾害性大风和局地冰雹强对流天气(吴蓁等,2011),14—18 时,焦作、新乡、洛阳、郑州、开封、商丘、周口、许昌、漯河、南阳、驻马店、平顶山 12 个省辖市的 42 个县(市、区)相继遭受大风、冰雹袭击,并伴有短时阵雨、雷阵雨。其中 38 个气象台站出现 8~11 级瞬间大风(鄢陵 15：55 极大风速达到 31.5 m/s，突破历史极值，16：39 西华县、黄泛区农场极大风速达到 27.1 m/s，突破历史极值，局地伴有冰雹，冰雹大的如乒乓球)、4 个县气象台站出现最大直径 3～20 mm 的冰雹(原阳最大)。此次风雹强对流天气对收获期的小麦、林业和电力供应等造成严重影响，全省受灾人口 94.46 万人，因灾死亡 20 人，直接经济损失 3.22 亿元，其中农业直接经济损失 2.63 亿元，在这次灾害性天气过程中，各地具体灾情如下：郑州新郑机场航站楼出口东侧停车场一排广告牌被刮倒，造成至少 14 辆车受损；获嘉县、新乡县和原阳县的部分乡镇小麦受到不同程度的影响；中牟县近万亩西瓜受雹灾影响严重；许昌及所辖各市县均有小麦倒伏、麦粒脱落现象，部分县市出现房屋倒塌、树木折断，2 人因为树木折断被砸倒导致死亡；长葛东部、许昌县东北部(小召、陈曹、五女店)、鄢陵北部的彭店、马坊冰雹大如核桃，小如玉米粒，出现了一定的雹灾；漯河市区和临颍县部分供电线路损坏，市区和县城大面积停电；周口自北向南先后出现雷暴大风天气，局部伴有冰雹等，市区千余棵大树被连根拔起，西华县一个电视发射塔被大风拦腰折断，商水县大部分乡镇因线杆折断造成停电，其中城关镇陈寨村变压器着火，65 个移动基站断电，网通线杆倒 460 根。

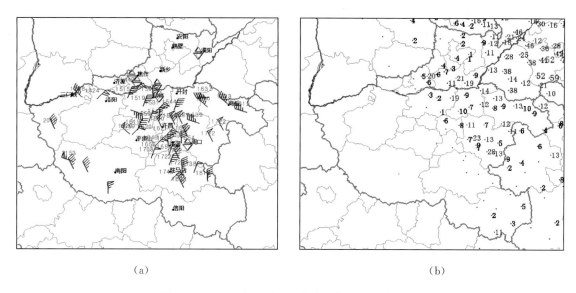

（a） （b）

图 3.8.1　2008 年 6 月 3 日灾害天气实况和降水量
(a)大风、冰雹实况，(b)3 日 08 时—4 日 08 时降水量

(2)天气形势和中尺度天气分析

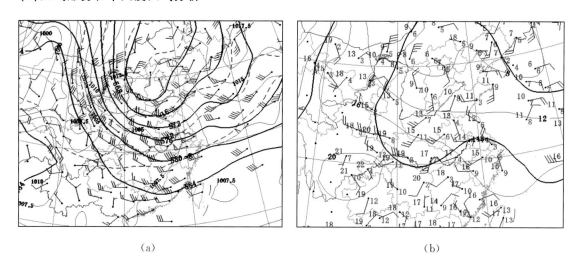

（a） （b）

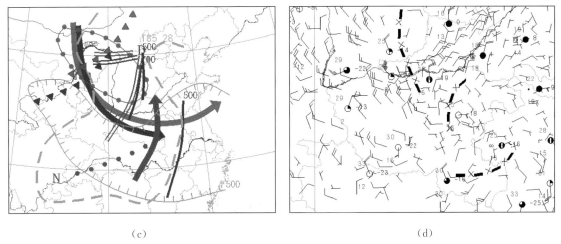

(c)　　　　　　　　　　　　　　　　(d)

图 3.8.2　2008 年 6 月 3 日天气图

(a)08 时 500 hPa 高空图和 14 时海平面气压，(b)08 时 850 hPa 高空图，(c)08 时高空综合分析图，(d)14 时地面图

(3)单站(订正)探空

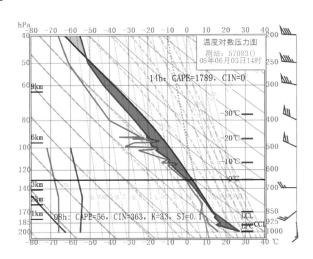

图 3.8.3　2008 年 6 月 3 日 14 时郑州地面温度、露点订正的 08 时郑州探空 $T-\ln P$ 图

(4)雷达回波特征

①雷达回波演变

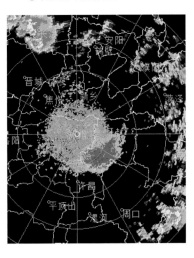 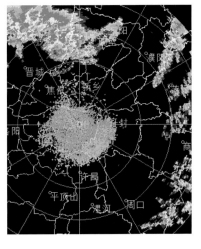 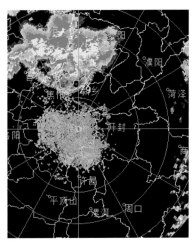

(a)12:00　　　　　　　　(b)13:00　　　　　　　　(c)14:01

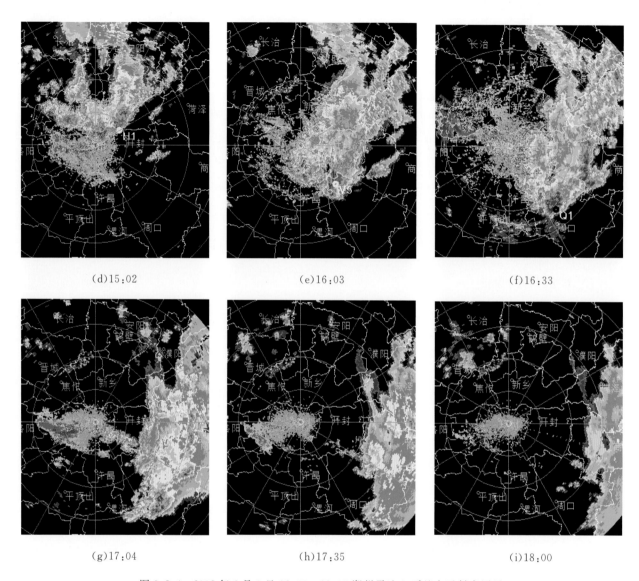

(d)15:02　　　　　　　　(e)16:03　　　　　　　　(f)16:33

(g)17:04　　　　　　　　(h)17:35　　　　　　　　(i)18:00

图 3.8.4　2008 年 6 月 3 日 12:00—18:00 郑州雷达 1.5°基本反射率因子

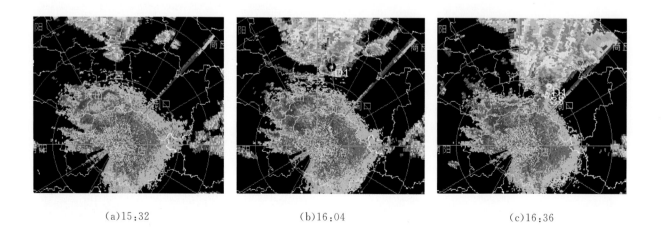

(a)15:32　　　　　　　　(b)16:04　　　　　　　　(c)16:36

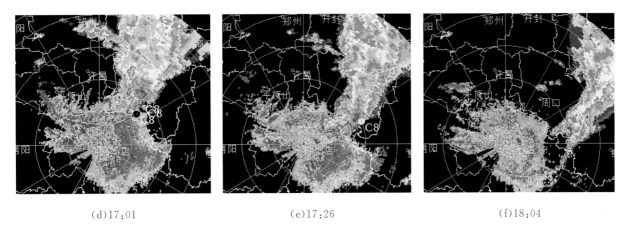

(d)17:01　　　　　　　　(e)17:26　　　　　　　　(f)18:04

图 3.8.5　2008 年 6 月 3 日 15:32—18:04 驻马店雷达 0.5°基本反射率因子

② 典型特征

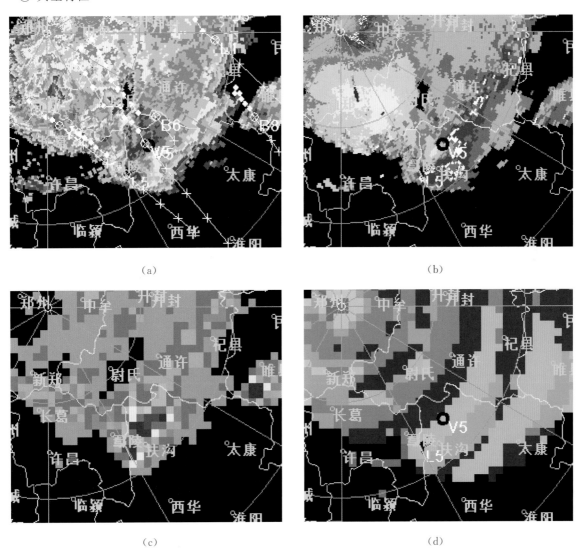

图 3.8.6　2008 年 6 月 3 日 16:02 郑州雷达产品

(a)1.5°基本反射率因子,(b)1.5°平均径向速度,(c)垂直积分液态水含量,(d)回波顶高

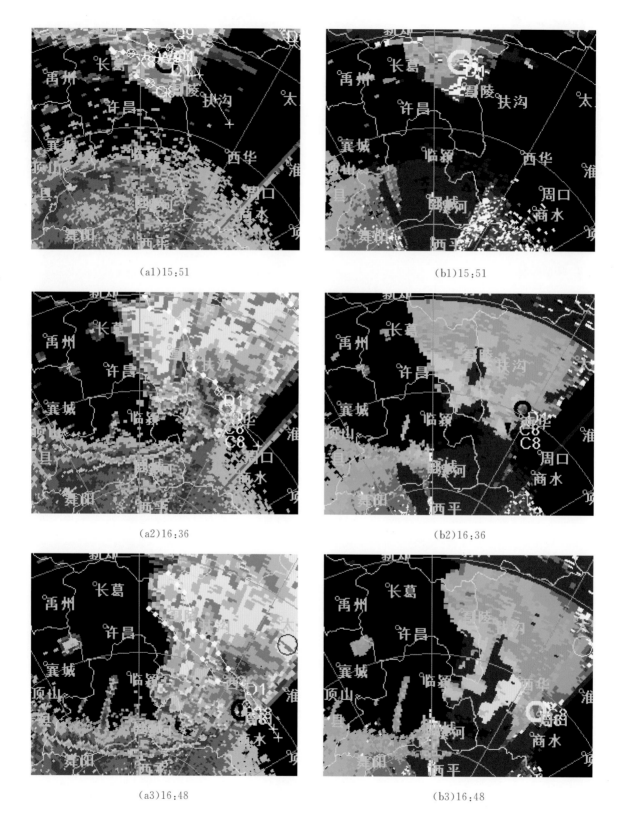

(a1)15:51   (b1)15:51

(a2)16:36   (b2)16:36

(a3)16:48   (b3)16:48

图 3.8.7　2008 年 6 月 3 日驻马店雷达产品

((a)、(b)分别为 0.5°基本反射率因子和 0.5°平均径向速度,1、2、3 表示时间分别为 15:51、16:36、16:48)

(5)小结

①2008年6月3日河南省强对流天气主要是由华北低涡后部横槽携带冷空气沿西北气流快速南下影响所致,低层有暖脊和偏南风急流,中东部有辐合线,为强对流天气的产生提供了触发条件。

②单站探空图上低层风随高度顺时针旋转,有明显暖平流,14时温度露点订正后有较大对流有效位能,0～6 km深层垂直风切变大。

③午后太行山西北侧、山西南部有对流回波生成并向东南方向移动,13时影响河南北部,14—17时对流回波在向东南方向移动的过程中,不断加强并形成超级单体强风暴(郑州、驻马店雷达部分时次在鄢陵和周口出现中气旋和TVS),对流回波以50～60 km/h的速度快速南下影响河南北部和中东部大部地区。东部强对流天气主要由长时间维持的超级单体快速向东南方向移动而造成,中部偏西部分大风主要由南下冷空气和雷暴出流边界(后侧有大风区)产生。

3.9　2008年6月25日豫北强对流天气

(1)天气实况

2008年6月25日下午,豫北出现了雷暴大风、局地冰雹等灾害性强对流天气,15站出现雷暴大风,其中安阳瞬时极大风速达29.4 m/s(18:22风力高达11级),大风持续时间长达1小时,属历年罕见;滑县瞬时极大风速28.4 m/s(19:07出现),大风持续时间27分钟;内黄瞬时极大风速23.0 m/s,大风持续时间13分钟。鹤壁最大风速达28 m/s,钜桥、白寺、黎阳、王庄出现了冰雹,冰雹如鸡蛋般大,最大直径5 cm。林州、辉县部分乡镇出现了局地冰雹,最大直径达6 cm。另外,内黄亳城、后河和鹤壁黎阳出现了短时强降水,降水量分别为47.7 mm、46.3 mm和38 mm。此次强对流天气造成浚县境内2/3地方停电,冰雹、大风所经乡镇,庄稼、大棚、树木、围墙都受到不同程度的损失。据统计,安阳、鹤壁、濮阳和新乡四地区受灾人口28.72万人,安阳县因灾死亡1人,农作物受灾面积16.76千公顷,其中农作物成灾面积5.94千公顷,农作物绝收面积0.25千公顷,倒损居民住房150间,造成直接经济损失2.3亿元,其中农业直接经济损失0.9996亿元,基础设施、家庭财产、工矿企业、公益设施损失0.29亿元。

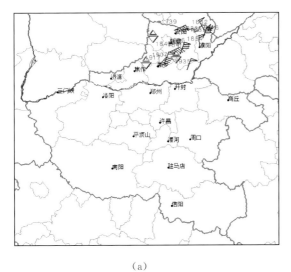 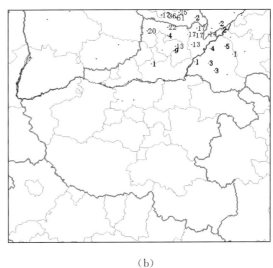

(a)　　　　　　　　　　　　　　　　　(b)

图3.9.1　2008年6月25日灾害天气实况和降水量
(a)大风、冰雹实况,(b)25日08时—26日08时降水量

（2）天气形势和中尺度天气分析

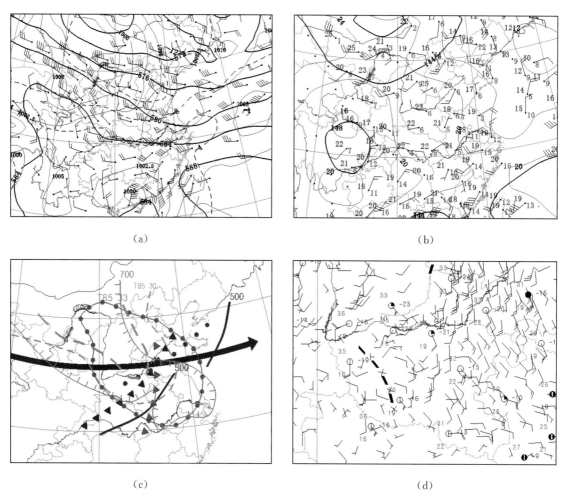

（a）　　　　　　　　　　　　　　（b）

（c）　　　　　　　　　　　　　　（d）

图 3.9.2　2008 年 6 月 25 日天气图

（a）08 时 500 hPa 高空图和 14 时海平面气压，（b）08 时 850 hPa 高空图，

（c）08 时高空综合分析图，（d）14 时地面图

（3）单站（订正）探空

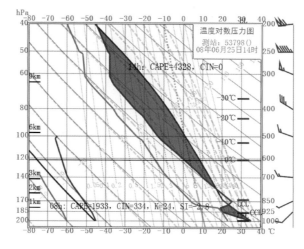

图 3.9.3　2008 年 6 月 25 日 14 时安阳地面温度、露点订正的 08 时邢台探空 $T-\ln P$ 图

（4）雷达回波特征

①雷达回波演变

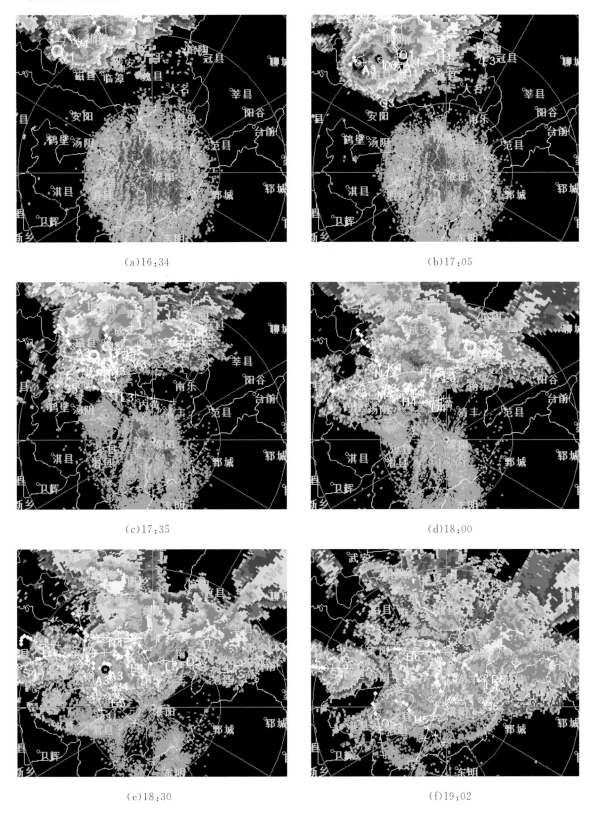

(a)16:34

(b)17:05

(c)17:35

(d)18:00

(e)18:30

(f)19:02

图 3.9.4　2008 年 6 月 25 日 16:34—19:02 濮阳雷达 1.5°基本反射率因子

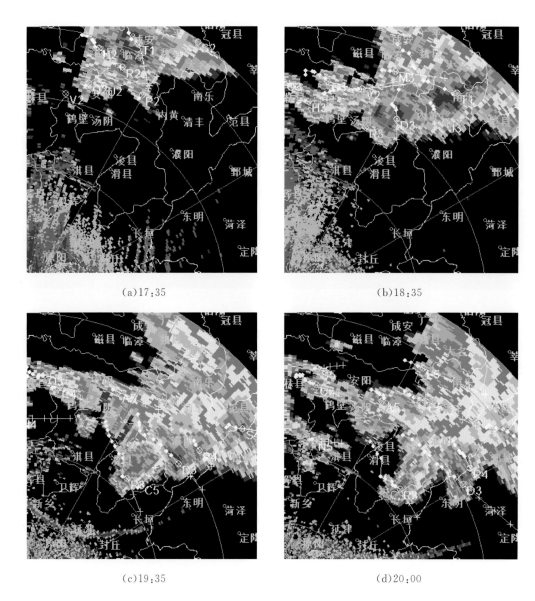

(a)17:35　　　　　　　　　　　　　(b)18:35

(c)19:35　　　　　　　　　　　　　(d)20:00

图 3.9.5　2008 年 6 月 25 日 17:35—20:00 郑州雷达 0.5°基本反射率因子

②典型特征

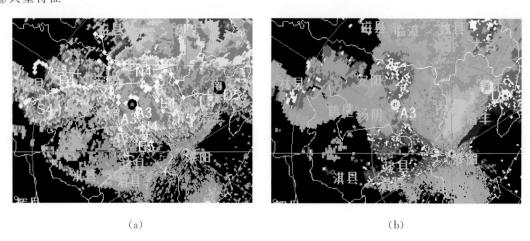

(a)　　　　　　　　　　　　　　　(b)

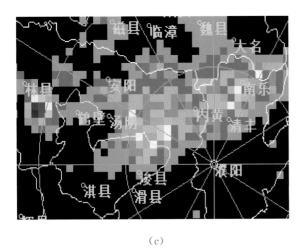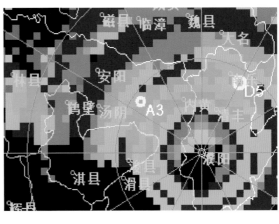

(c) (d)

图 3.9.6 2008 年 6 月 25 日 18:30 濮阳雷达产品

(a)1.5°基本反射率因子,(b)1.5°平均径向速度,(c)垂直积分液态水含量,(d)回波顶高

(5)小结

①2008 年 6 月 25 日豫北强对流天气发生在槽后西北气流形势下,高空急流大风核位于河套地区,急流轴呈东西向穿过豫北地区,为强对流的产生提供了有利的动力条件。高空冷槽叠加在低层暖脊之上,850 hPa 和 500 hPa 温差大,有利于强对流天气产生。和华北强对流天气相伴的偏北风与暖低压前部的偏南气流在豫北形成了明显的辐合线,为强对流天气的产生提供了辐合抬升条件。

②单站探空图低层风随高度顺时针旋转,暖平流特征明显,14 时温度露点订正后的 08 时探空有大的对流有效位能,加剧了对流不稳定层结。

③16—18 时濮阳雷达监测到豫北地区有明显的云街(0.5°基本反射率因子图更明显),17 时后河北南部的超级单体风暴向南移至豫北不稳定区域,超级单体风暴在豫北持续发展、维持,回波移动方向前侧入流区有中气旋,后侧有大风区。18 时后强回波前沿出现明显出流边界,使得部分县市出现了大风天气。

3.10 2009 年 6 月 3 日豫东飑线强对流天气

(1)天气实况

2009 年 6 月 3 日 16 时至 4 日 05 时,河南省安阳、鹤壁、濮阳、新乡、焦作、济源、郑州、开封、商丘等地先后出现了雷暴、短时大风、局地冰雹和短时降水等强对流天气,全省 40 多个县市出现雷暴,19 个县市出现了 17 m/s 以上的短时偏北大风。特别是 20—23 时开封、商丘等地区出现了强飑线天气过程,商丘的宁陵、睢县、柘城、永城等地出现 8 至 10 级、阵风达 11 级大风,夏邑、永城和宁陵出现历史有气象记录以来最大瞬时风速,分别达 29.5、29.1 和 28.6 m/s。此次飑线强度强、灾害重,因雷击和大风造成树倒、房塌致 22 人死亡,直接经济损失 16.09 亿元。灾情最重的商丘市强飑线天气在 21 时发展达最旺盛阶段,持续时间长达 2 小时 19 分钟,造成 18 人死亡,81 人受伤,直接经济损失达 14.5 亿元,其中农业直接经济损失近 10 亿元(王秀明等,2012,2013;牛淑贞等,2012)。

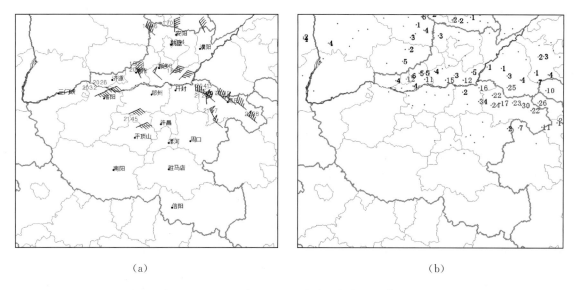

(a)　　　　　　　　　　　　　　(b)

图 3.10.1　2009 年 6 月 3 日灾害天气实况和降水量

(a)大风、冰雹实况,(b)3 日 08 时—4 日 08 时降水量

(2)天气形势和中尺度天气分析

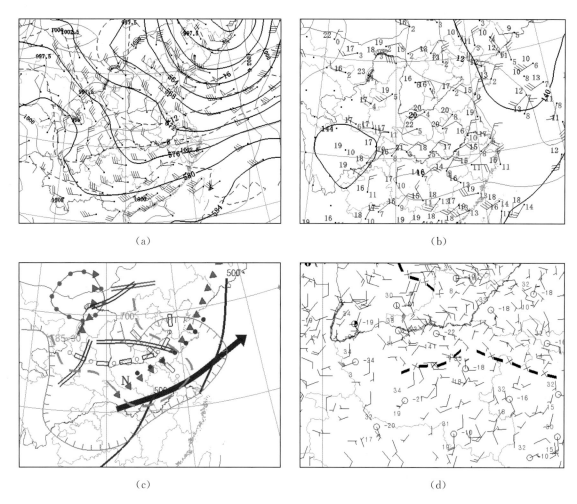

(a)　　　　　　　　　　　　　　(b)

(c)　　　　　　　　　　　　　　(d)

图 3.10.2　2009 年 6 月 3 日天气图

(a)08 时 500 hPa 高空图和 14 时海平面气压,(b)08 时 850 hPa 高空图,

(c)08 时高空综合分析图,(d)14 时地面图

(3)单站(订正)探空

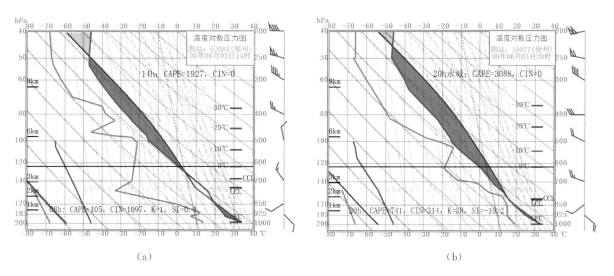

(a)　　　　　　　　　　　　　　　(b)

图 3.10.3　2009 年 6 月 3 日单站订正探空 $T-\ln P$ 图

(a)14 时郑州地面温度、露点订正的 08 时郑州站，(b)20 时永城地面温度、露点订正的 20 时徐州站

(4)雷达回波特征

①雷达回波演变

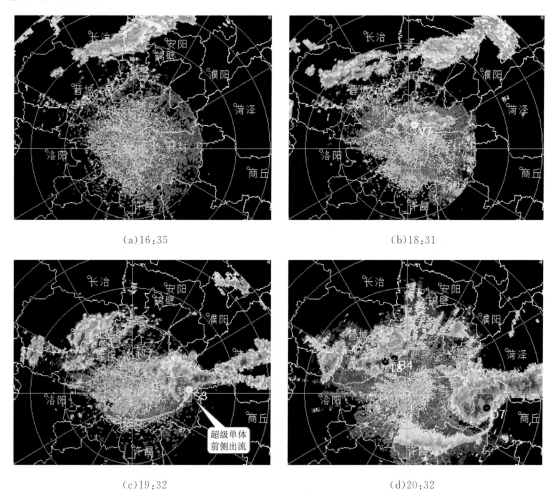

(a)16:35　　　　　　　　　　　(b)18:31

(c)19:32　　　　　　　　　　　(d)20:32

图 3.10.4　2009 年 6 月 3 日 16:35—20:32 郑州雷达 0.5°基本反射率因子

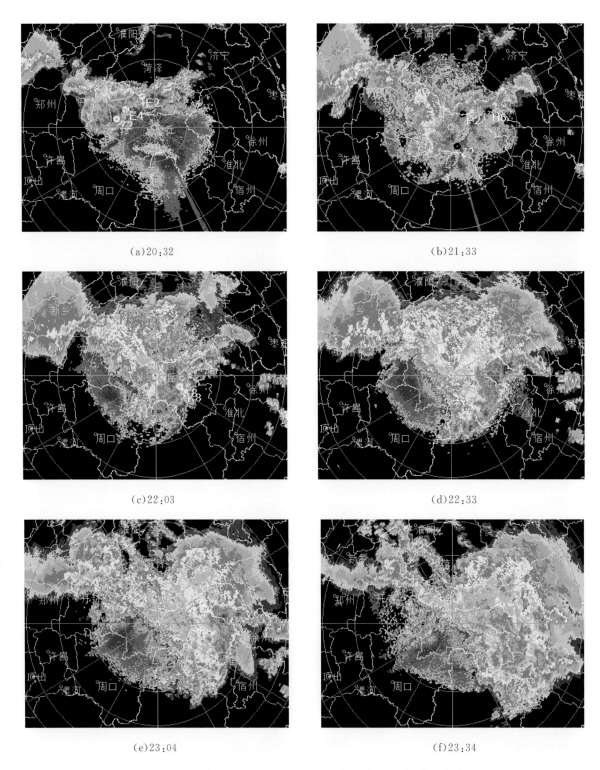

(a)20:32

(b)21:33

(c)22:03

(d)22:33

(e)23:04

(f)23:34

图 3.10.5 2009 年 6 月 3 日 20:32—23:34 商丘雷达 1.5°基本反射率因子

②雷达回波典型特征

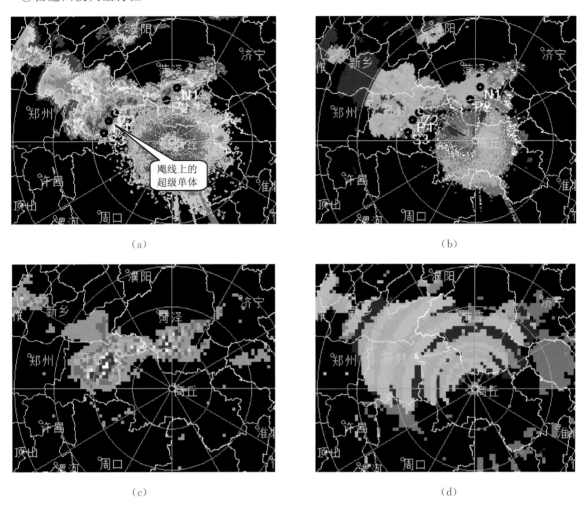

(a)　　　　　　　　　　　　　　(b)

(c)　　　　　　　　　　　　　　(d)

图 3.10.6　2009 年 6 月 3 日 20:01 商丘雷达产品
(a)1.5°基本反射率因子,(b)1.5°平均径向速度,(c)垂直积分液态水含量,(d)回波顶高

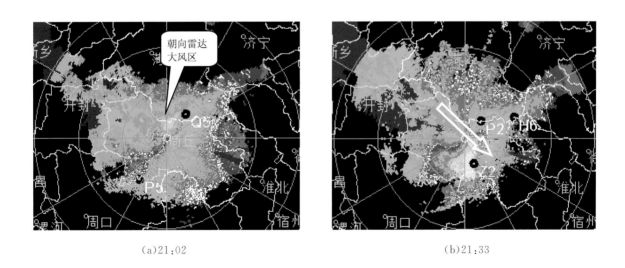

(a)21:02　　　　　　　　　　　　(b)21:33

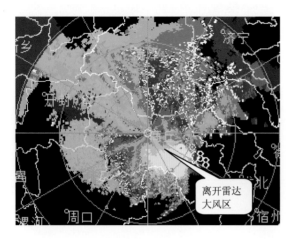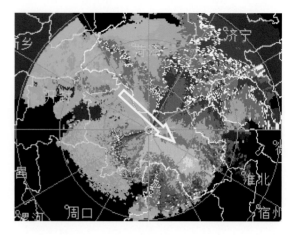

(c)22:03　　　　　　　　　　　　　　　(d)22:33

图 3.10.7　2009 年 6 月 3 日 21:02—22:33 商丘雷达 1.5°平均径向速度

(5)小结

①受东北低涡后部横槽和地面中尺度辐合线影响,低涡后部横槽携带冷空气沿西北气流下滑与低层暖湿空气在商丘汇聚,在低层辐合线、干线触发下,2009 年 6 月 3 日下午到夜里河南北部、东部出现了大范围强对流天气,位于辐合中心的商丘爆发强飑线。

②单站探空图上低层风随高度顺时针旋转,大气层结上干下湿,对流层中低层垂直风切变大,14 时温度露点订正后有较大对流有效位能。

③初始对流回波沿边界层辐合线发展加强并形成超级单体强风暴;在开封与商丘之间的露点锋(干线)作用下,发展起来的晴空边界辐合线触发新生对流并发展加强,与超级单体强风暴汇合成强飑线迅速东南移,影响商丘地区;飑线长约 140 km,发展迅猛、移速快,强飑线系统移速达 50~60 km/h,强度强,速度图上有明显大风区,强飑线回波带上超级单体风暴与后来发展形成的弓形回波造成了商丘地区剧烈的强对流天气。

3.11　2009 年 6 月 6 日豫北、豫东强对流天气

(1)天气实况

2009 年 6 月 6 日河南中东部部分地区出现雷暴大风和冰雹天气,57 站出现雷暴,新乡、濮阳、商丘、周口、南阳、驻马店、信阳等地区部分县市出现了雷暴大风,鹿邑、太康、新蔡、桐柏和嵩山出现冰雹,其中桐柏冰雹最大直径为 27 mm。新乡市最大降水量达 61.8 mm,市区极大风速达 20.8 m/s。6 日中午 12:16 太康县城上空黑云压境,白昼变黑夜,伴随着隆隆雷声,大雨倾盆而下,13:31 县城出现大雨并伴有冰雹,大的如琉璃珠,小的如黄豆。13 时雷暴大风、局地冰雹袭击鹿邑,冰雹最大的有蛋黄般大,最小的如玻璃珠大小,该县辛集、唐集和试量 3 个乡镇遭受损失,尚未来得及收割的小麦倒伏,有些小麦被冰雹袭击后,麦穗被砸断。

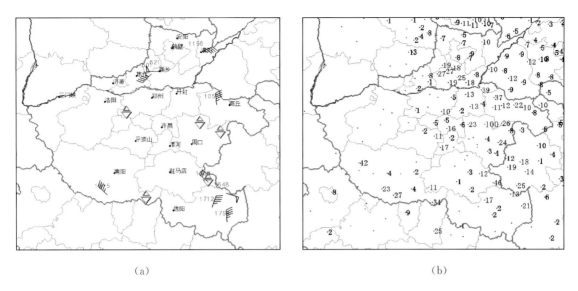

(a)　　　　　　　　　　　　　　　(b)

图 3.11.1　2009 年 6 月 6 日灾害天气实况和降水量
(a)大风、冰雹实况，(b)6 日 08 时—7 日 08 时降水量

(2)天气形势和中尺度天气分析

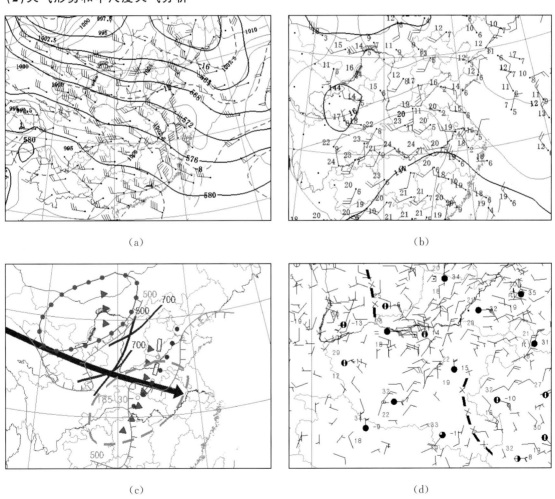

(a)　　　　　　　　　　　　　　　(b)

(c)　　　　　　　　　　　　　　　(d)

图 3.11.2　2009 年 6 月 6 日天气图
(a)08 时 500 hPa 高空图和 14 时海平面气压，(b)08 时 850 hPa 高空图，
(c)08 时高空综合分析图，(d)14 时地面图

(3)单站(订正)探空

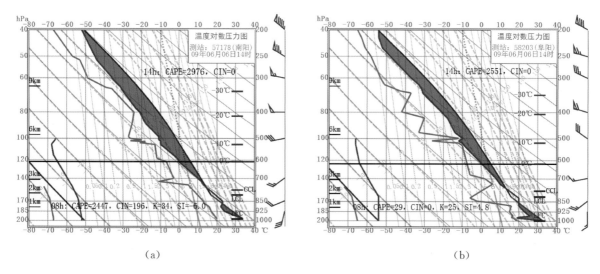

(a)

(b)

图 3.11.3　2009 年 6 月 6 日 08 时单站订正探空 $T-\ln P$ 图
(a)14 时桐柏地面温度、露点订正的南阳站,(b)14 新蔡地面温度、露点订正的阜阳站

(4)雷达回波演变特征

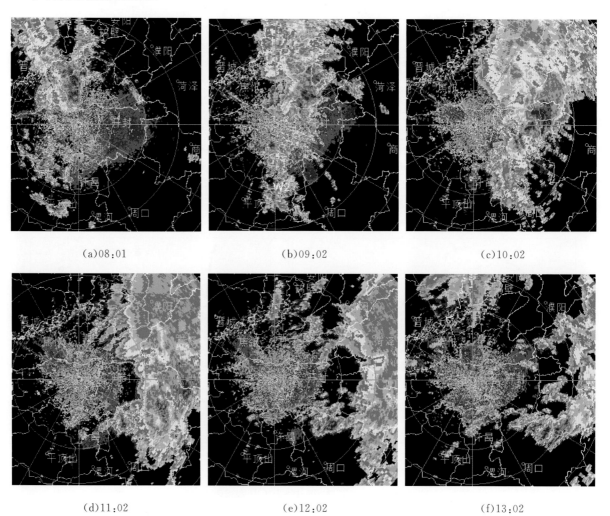

(a)08:01　　　　　　　(b)09:02　　　　　　　(c)10:02

(d)11:02　　　　　　　(e)12:02　　　　　　　(f)13:02

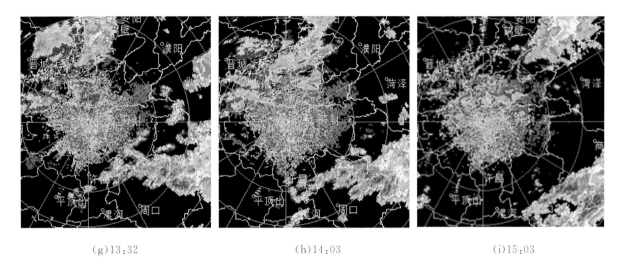

(g)13:32　　　　　　　　　(h)14:03　　　　　　　　　(i)15:03

图 3.11.4　2009 年 6 月 6 日 08:01—15:03 郑州雷达 0.5°基本反射率因子

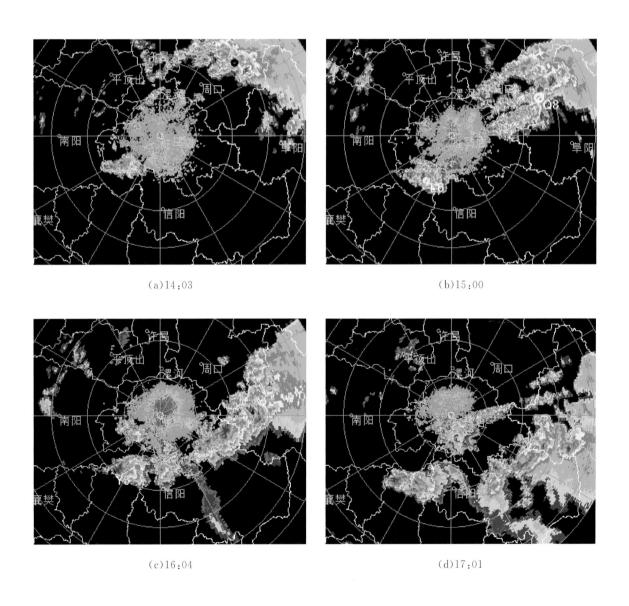

(a)14:03　　　　　　　　　　　　　　　　(b)15:00

(c)16:04　　　　　　　　　　　　　　　　(d)17:01

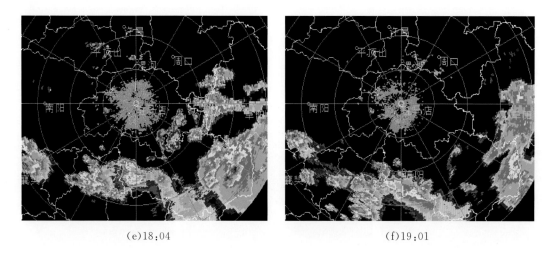

(e)18:04 (f)19:01

图3.11.5 2008年6月6日14:03—19:01驻马店雷达1.5°基本反射率因子

(5)小结

①2009年6月6日河南中东部部分地区雷暴大风和局地冰雹等强对流天气的主要影响系统是500 hPa和700 hPa高空槽,高空冷槽和低层暖脊有利配置,同时地面有东路弱冷空气南下影响。

②单站探空图低层风随高度顺时针旋转,14时温度露点订正的$T-\ln P$图上有较大对流有效位能。

③上午新乡、获嘉附近对流回波自西南向东北方向移动,其西南部不断有对流回波生成,并加强东移,午后周口附近强回波自西向东略偏南方向移动,下午南阳东部到驻马店对流回波向东南方向移动。本次强对流天气对流回波比较凌乱,系统性不强,但中东部低层有比较充分的热力不稳定条件,受弱冷空气触发,易出现分散性局地强对流天气。

3.12 2009年6月12日中西部强对流天气

(1)天气实况

2009年6月12日傍晚到夜里,河南中部偏西地区出现了阵雨、雷阵雨天气,降水量不大,郑州、平顶山、南阳部分县市出现短时大风。

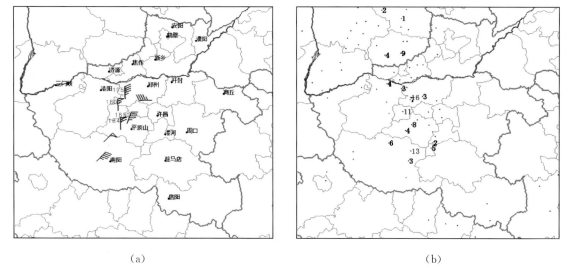

(a) (b)

图3.12.1 2009年6月12日灾害天气实况和降水量
(a)大风实况,(b)12日08时—13日08时降水量

（2）天气形势和中尺度天气分析

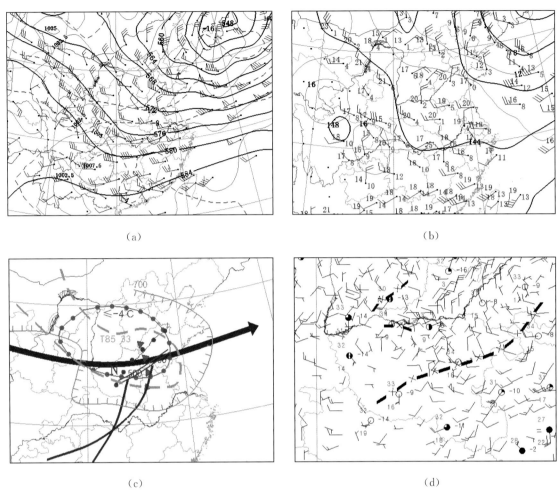

（a）

（b）

（c）

（d）

图 3.12.2　2009 年 6 月 12 日天气图

（a）08 时 500 hPa 高空图和 14 时海平面气压，（b）08 时 850 hPa 高空图，

（c）08 时高空综合分析图，（d）14 时地面图

（3）单站（订正）探空

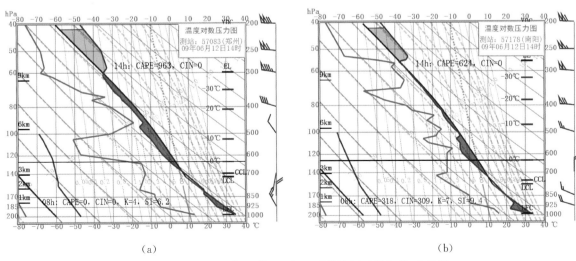

（a）

（b）

图 3.12.3　2009 年 6 月 12 日 08 时单站订正探空 $T-\ln P$ 图

（a）14 时宝丰地面温度、露点订正的郑州站，（b）14 时镇平地面温度、露点订正的南阳站

（4）雷达回波演变特征

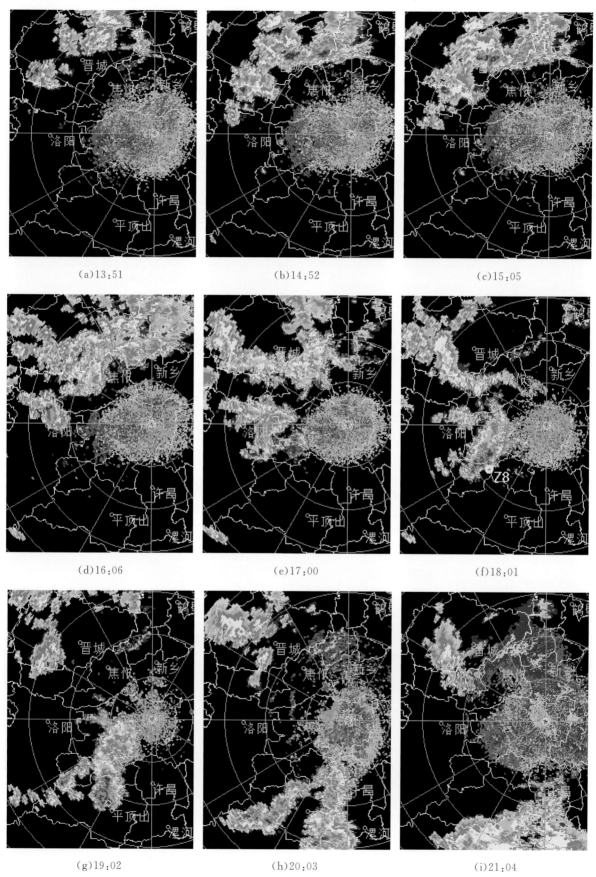

(a)13:51　　　　　　(b)14:52　　　　　　(c)15:05

(d)16:06　　　　　　(e)17:00　　　　　　(f)18:01

(g)19:02　　　　　　(h)20:03　　　　　　(i)21:04

图3.12.4　2009年6月12日13:51—21:04郑州雷达1.5°基本反射率因子

(5)小结

2009 年 6 月 12 日河南中部偏西部分地区强对流天气发生在东北低涡槽后西北气流形势下,河南上空为上干冷、下暖湿的不稳定层结,850 hPa 和 500 hPa 温差大,但近地面水汽条件相对较差,订正后的探空对流有效位能不是很大,具有发生对流天气的潜势,但出现剧烈灾害天气的可能性较小。午后山西南部对流回波自西北向东南方向移动,多单体强对流回波主要经郑州西部、平顶山向南阳移动。强回波在郑州、平顶山发展成为超级单体。

3.13　2009 年 6 月 14 日大范围强对流天气

(1)天气实况

2009 年 6 月 14 日下午到夜里,河南省出现了一次大范围的雷暴大风、冰雹等强对流天气过程。全省 119 个站有 111 个站出现雷暴,24 个市、县出现冰雹,最大冰雹直径 30 mm,出现在商丘永城;其中周口市 17:55—19:36 四次降雹,最大冰雹直径 26 mm;开封市市区、通许、尉氏部分乡镇冰雹最大直径 25 mm;21 个县出现 17 m/s 以上雷雨大风;降水量分布不均,国家自动站最大降水量出现在周口为 159 mm,西华乡镇雨量站李大庄(位于西华县东南部)降水量达 193.9 mm,开封市降水量 44 mm,全省直接经济损失 17245 万元。本次强对流天气全省大部分地区都出现雷暴,强对流天气主要集中在周口、开封、商丘、许昌、漯河、驻马店、信阳七地区和新乡地区东部,冰雹主要出现在漯河以北,大风主要出现在许昌以南,雨量分布极不均匀。此次强对流天气开封、周口受灾严重,傍晚 6 时许,古城开封上空顿时天昏地暗,狂风大作,电闪雷鸣,瓢泼大雨夹杂着核桃大小的冰雹直泻而下,雷电和狂风造成部分市区停电,市区 5 个排水泵站陆续停止工作,致使市区 30 余个地段严重积水,积水深达 50 cm,狂风还致使市区 50 余棵行道树受损、倒伏并影响交通,开封因灾死亡 1 人。周口市市区及西华、鹿邑、淮阳等县受暴雨冰雹袭击,周口城区大面积积水,绝大部分区域供水中断,灾情严重。开封、周口两地受灾农作物逾 50 万亩,经济损失超过 5 亿元(张一平等,2014b)。

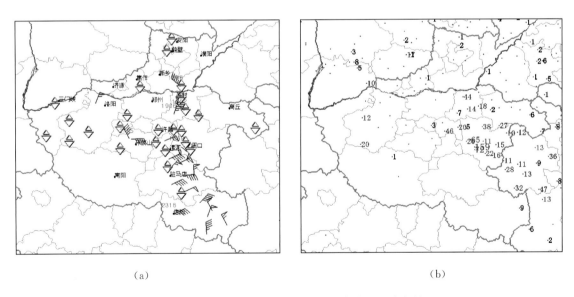

图 3.13.1　2009 年 6 月 14 日灾害天气实况和降水量
(a)大风、冰雹实况,(b)14 日 08 时—15 日 08 时降水量

(2)天气形势和中尺度天气分析

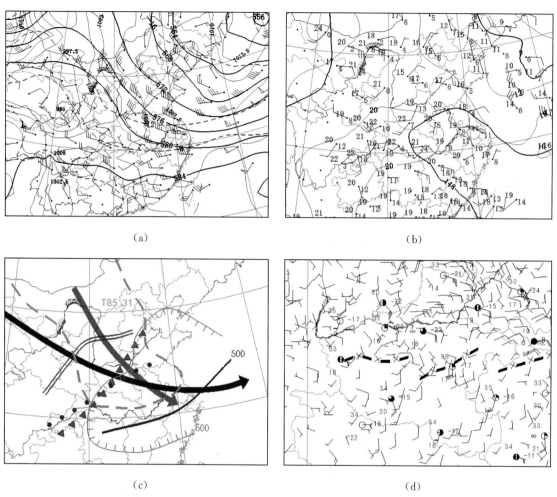

(a)   (b)

(c)   (d)

图 3.13.2　2009 年 6 月 14 日天气图

(a)08 时 500 hPa 高空图和 14 时海平面气压,(b)08 时 850 hPa 高空图,(c)08 时高空综合分析图,(d)14 时地面图

(3)单站(订正)探空

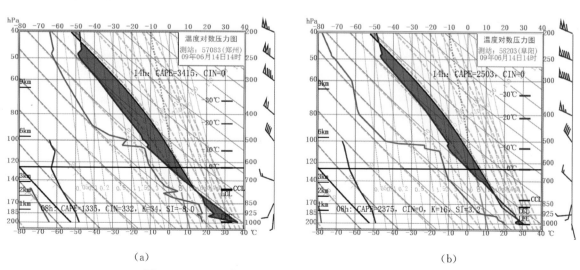

(a)   (b)

图 3.13.3　2009 年 6 月 14 日 08 时单站订正探空 $T-\ln P$ 图

(a)14 时周口地面温度、露点订正的郑州站,(b)14 时汝南地面温度、露点订正的阜阳站

(4)雷达回波特征

①雷达回波演变

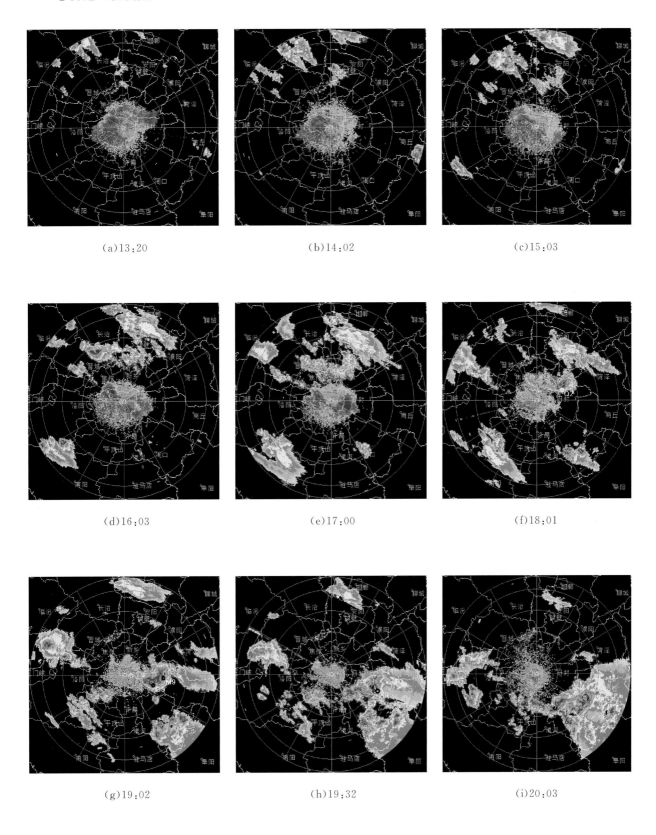

(a)13:20　　　　　　(b)14:02　　　　　　(c)15:03

(d)16:03　　　　　　(e)17:00　　　　　　(f)18:01

(g)19:02　　　　　　(h)19:32　　　　　　(i)20:03

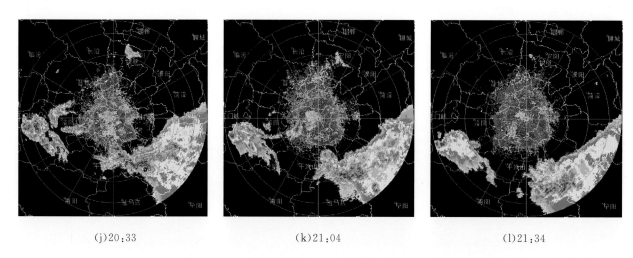

(j)20:33 (k)21:04 (l)21:34

图 3.13.4 2009 年 6 月 14 日 13:20—21:34 郑州雷达 1.5°基本反射率因子

②典型特征

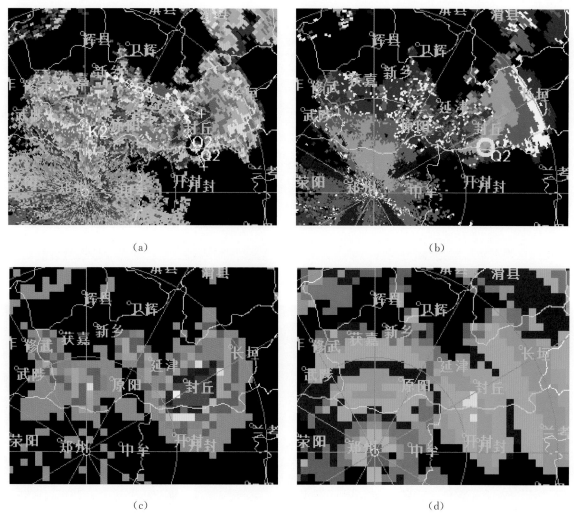

(a) (b)

(c) (d)

图 3.13.5 2009 年 6 月 14 日 18:01 郑州雷达产品
(a)1.5°基本反射率因子,(b)1.5°平均径向速度,(c)垂直积分液态水含量,(d)回波顶高

(5)小结

①2009 年 6 月 14 日河南大范围强对流天气发生在东北冷涡稳定维持、河南受强西北气流影响的形势下,高空有冷平流,近地面层有暖中心,冷槽叠加在暖脊之上,形成上干冷、下暖湿的不稳定层结,中、低层切变线和地面辐合线东北侧弱冷空气扩散对本次强对流天气的产生具有触发抬升作用。

②随着午后地面辐射增温,14 时温度、露点订正后的探空资料不稳定能量显著增大,中等强度的深层垂直风切变有利于对流风暴的组织和加强。0 ℃和−20 ℃层高度适宜有利于降雹。

③13 时后山西南部和太行山西北侧有零散对流回波生成,随后在高空西北气流引导下向东南方向移动影响豫北地区,15—18 时在河南中部地面辐合线处豫西山区和周口附近有对流回波生成并加强,18—21 时黄河以南地区对流风暴相互作用,组织性加强,开封附近对流回波发展成为超级单体和小型弓状回波,周口附近多单体回波多后向传播,形成"列车效应",导致周口附近出现暴雨、大暴雨。

3.14　2009 年 6 月 27 日豫北、豫中强对流天气

(1)天气实况

2009 年 6 月 27 日下午到夜里安阳、焦作、郑州、许昌、漯河、南阳等地出现了雷雨、大风和冰雹天气,焦作市最大风速为 25 m/s(风力达 10 级),镇平、邓州、鄢陵(望田、陈化店、大马等乡镇)和漯河等地出现冰雹。17—19 时,镇平县、邓州市先后出现了局地雷阵雨、大风、冰雹天气,镇平的风力达八级以上,冰雹最大直径达 20 mm;邓州的瞬时风速达 21.6 m/s(9 级),也出现了短时小冰雹。大风和冰雹等强对流天气,造成房屋倒塌、电力及通信设施被毁、农作物受损等严重灾害,直接损失在 1000 万以上。

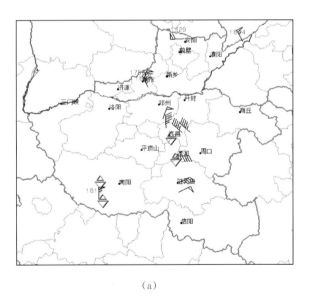

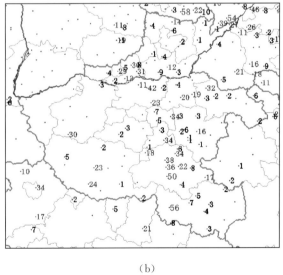

(a)　　　　　　　　　　　　　　　(b)

图 3.14.1　2009 年 6 月 27 日灾害天气实况和降水量
(a)大风、冰雹实况,(b)27 日 08 时—28 日 08 时降水量

（2）天气形势和中尺度天气分析

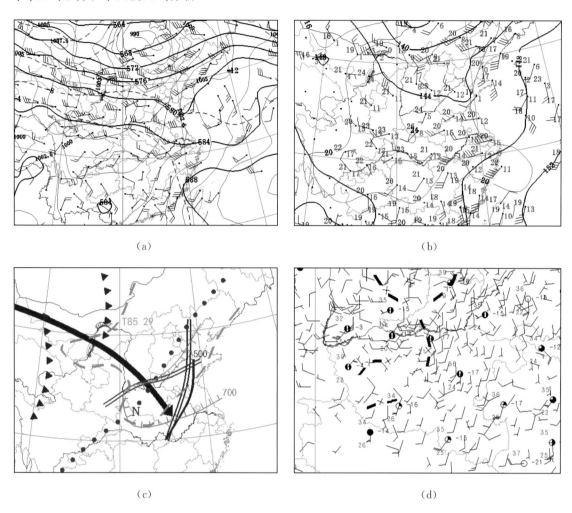

（a）

（b）

（c）

（d）

图 3.14.2　2009 年 6 月 27 日天气图

（a）08 时 500 hPa 高空图和 14 时海平面气压，（b）08 时 850 hPa 高空图，（c）08 时高空综合分析图，（d）14 时地面图

（3）单站（订正）探空

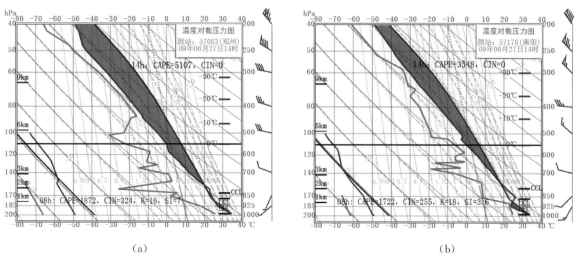

（a）

（b）

图 3.14.3　2009 年 6 月 27 日 08 时单站订正探空 $T-\ln P$ 图

（a）14 时鄢陵地面温度、露点订正的郑州站，（b）14 时镇平地面温度、露点订正的南阳站

(4)雷达回波特征

①雷达回波演变

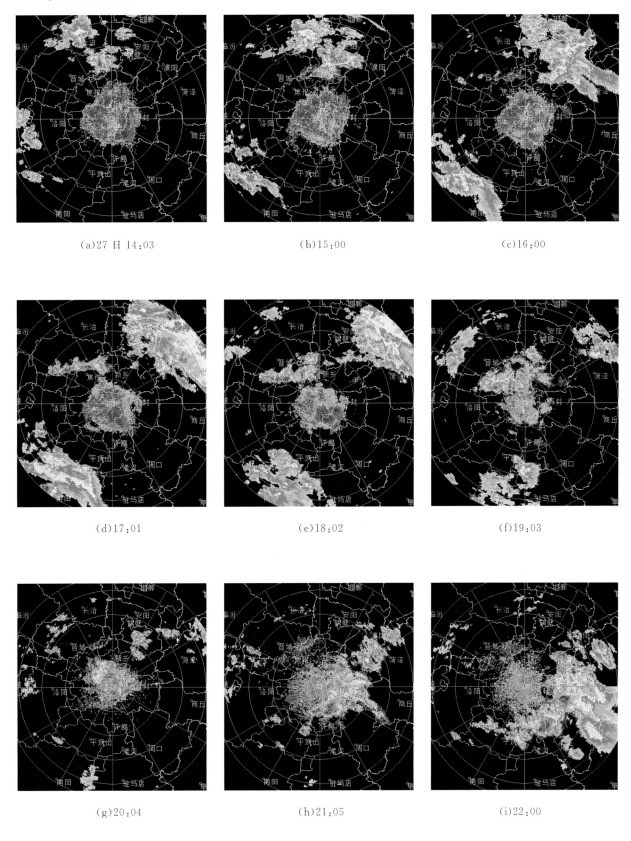

(a)27 日 14:03	(b)15:00	(c)16:00
(d)17:01	(e)18:02	(f)19:03
(g)20:04	(h)21:05	(i)22:00

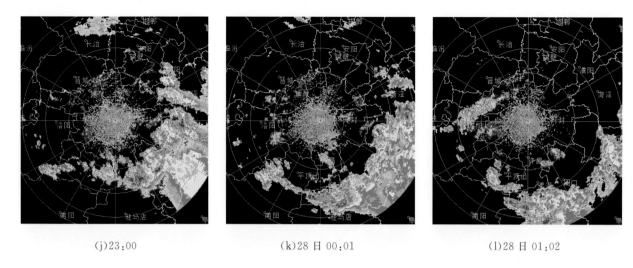

(j)23:00   (k)28日00:01   (l)28日01:02

图 3.14.4　2009 年 6 月 27 日 14:03—28 日 01:02 郑州雷达 1.5°基本反射率因子

②典型特征

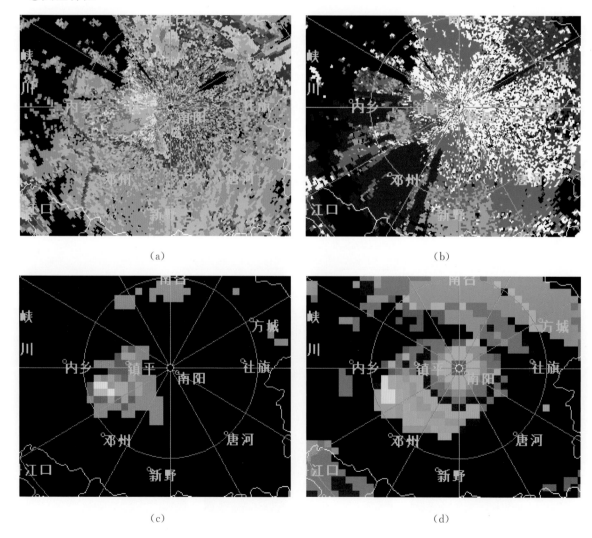

(a)   (b)

(c)   (d)

图 3.14.5　2009 年 6 月 27 日 17:34 南阳雷达产品(镇平附近出现下击暴流)
(a)0.5°基本反射率因子,(b)0.5°平均径向速度,(c)垂直积分液态水含量,(d)回波顶高

(5)小结

①2009 年 6 月 27 日河南强对流天气发生在地面高温、高湿的低压辐合带中,京广线附近有多条辐合线,850 hPa 大连、郑州到安康一线有一辐合线,南阳附近有一 26 ℃的暖中心,中高层受西西北气流控制,无明显天气尺度系统强迫,河南多地热对流发展旺盛,使得部分县市出现了雷暴大风、局地冰雹等强对流天气。

②单站探空图上对流层中下层风速小,14 时温度、露点订正后的不稳定能量较 08 时显著增大,对流抑制逐渐消失,有利于部分地区强对流天气产生。

③13 时后山西南部长治附近对流回波东移过程中逐渐加强影响豫北,17 时后山西南部晋城附近对流回波向东南方向移动,越过太行山先后影响焦作、郑州、许昌、漯河、驻马店等地区,同时,16 时南阳、镇平局地对流回波加强,并向东南移动,造成了镇平下击暴流大风、邓州局地雷暴大风和冰雹等强对流天气。以上回波多为单体、多单体结构,对流发展旺盛,但组织性较差。

3.15　2009 年 7 月 16 日豫北局地龙卷强对流天气

(1)天气实况

2009 年 7 月 16 日 18:00—18:30,在离濮阳雷达站 16 km 左右的濮阳县子岸乡的大陈、邹铺、梨子园、五星乡的葛丘、西义井村等 8 个村庄自西南向东北突遭龙卷袭击,玉米等农作物大部分倒伏,群众房屋顶被大风刮走,直径 30 cm 左右的大树被龙卷刮折或连根拔起,濮渠路八里庄至梨子园区域,随处可见成片被刮倒折断的大树,碗口般粗的大树有的横在路中,造成交通堵塞,有的"飞"到农户的屋顶上,风向有气旋性弯曲的特征,估计最大风力达 11 级,据目击者说:龙卷来临时,天空有一大块黑云压境。据县民政局灾情调查初步统计,农作物受灾面积 918 公顷,受灾人口达 13007 人,倒塌居民住房 154 间、损坏房屋 138 间,刮倒树木 29460 棵,损坏鸡棚两个,瞬间发生的龙卷还导致八里庄至梨子园区域的通信、供电、交通一度中断,所幸无人员伤亡,共造成直接经济损失 1100 万元(李改琴等,2014)。

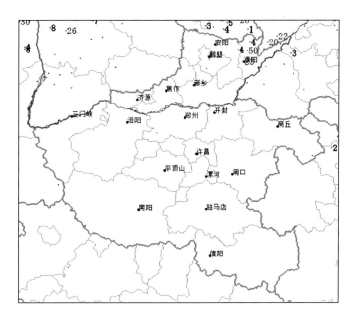

图 3.15.1　2009 年 7 月 16 日 08 时—17 日 08 时降水量

（2）天气形势和中尺度天气分析

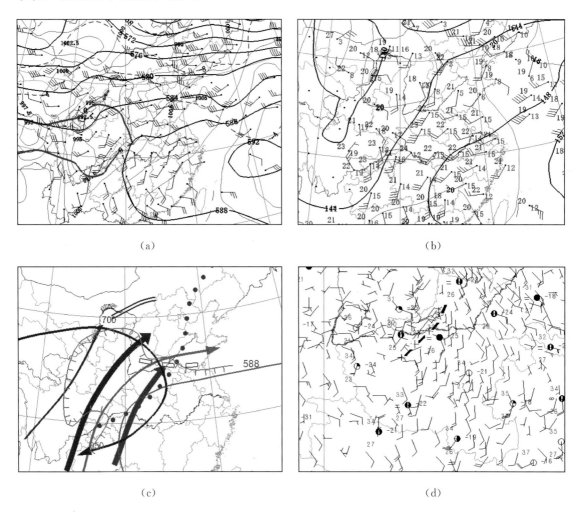

（a）

（b）

（c）

（d）

图 3.15.2　2009 年 7 月 16 日天气图

（a）08 时 500 hPa 高空图和 14 时海平面气压，（b）08 时 850 hPa 高空图，（c）08 时高空综合分析图，（d）14 时地面图

（3）单站（订正）探空

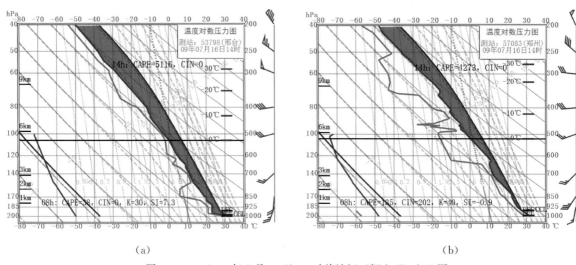

（a）

（b）

图 3.15.3　2009 年 7 月 16 日 08 时单站订正探空 $T-\ln P$ 图

（a）14 时濮阳地面温度、露点订正的邢台站，（b）14 时濮阳地面温度、露点订正的郑州站

(4)雷达回波特征

①雷达回波演变

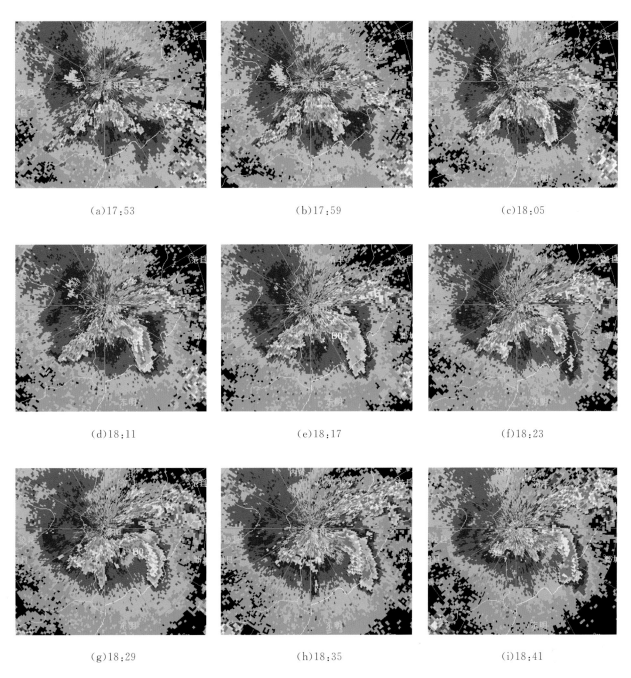

图3.15.4　2009年7月16日17:53—18:41濮阳雷达1.5°基本反射率因子

②典型特征

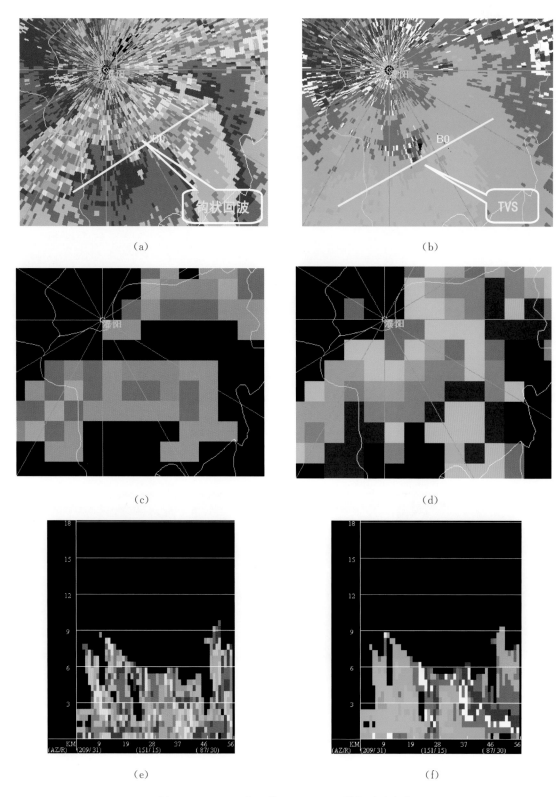

图 3.15.5　2009 年 7 月 16 日 18：17 濮阳雷达产品

(a)1.5°基本反射率因子,(b)1.5°平均径向速度,(c)垂直积分液态水含量,(d)回波顶高,
(e)沿图(a)切向白线所示基本反射率因子剖面,(f)沿图(b)切向白线所示平均径向速度剖面

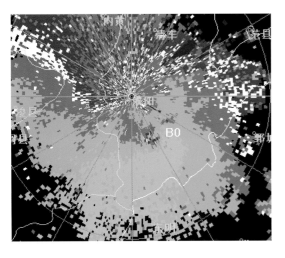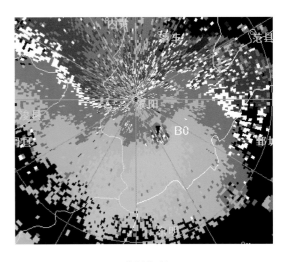

(a)18:23　　　　　　　　　　　　　　(b)18:29

图 3.15.6　2009 年 7 月 16 日 18:23—18:29 濮阳雷达 1.5°平均径向速度

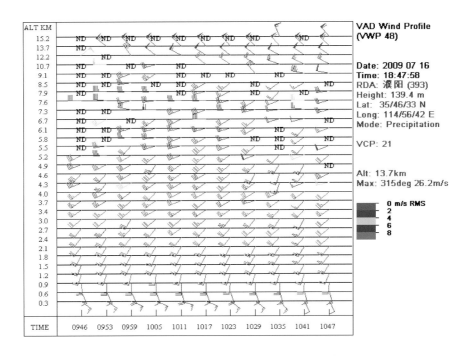

图 3.15.7　2009 年 7 月 16 日 18:47 濮阳雷达风廓线

(5)小结

①2009 年 7 月 16 日濮阳龙卷发生在副高边缘西北侧、低空急流左前方和低空暖切变线附近;中低层在豫北有明显露点梯度。

②单站探空图上从低层到高层风向一致顺转,有利于有组织的强风暴的生成。14 时温度、露点订正后的不稳定能量较 08 时显著增大,有利于出现强对流天气。低层存在大的垂直风切变和丰富的水汽,抬升凝结高度低,有利于龙卷的形成。

③造成这次龙卷的是濮阳雷达站南部约 20 km 处的伴有龙卷涡旋特征的钩状回波,钩状回波周围是强回波区,中间为弱回波或无回波区,龙卷生成于钩状回波弱回波区附近,回波南端出现明显的羽状、

从经过龙卷涡旋特征的切向方向垂直剖面看,对流回波尺度较小,回波顶不高,对流发展也不是非常旺盛(可能由于距雷达站较近,受雷达静锥区影响,回波结构不能很好地显示,且没有探测到中气旋)。对应平均径向速度图上表现为在大范围朝向雷达的径向速度场出现强的正负速度切变中心,即 γ 中尺度气旋式涡旋,涡旋进一步发展加强出现龙卷涡旋特征 TVS,并产生龙卷灾害天气。在较大的对流不稳定能量、低层存在大的风垂直切变和丰富的水汽和环境条件下,基本反射率因子图上的钩状回波和弱回波区对应平均径向速度图上出现的龙卷涡旋特征 TVS 为预警龙卷提供了可靠的参考信息。

3.16 2010 年 5 月 29 日豫北强对流天气

(1)天气实况

2010 年 5 月 29 日下午到夜里,安阳、濮阳和新乡长垣相继出现了雷暴大风、冰雹等强对流天气。下午 4 时,安阳县东部遭遇强冰雹袭击,最大冰雹如鸽蛋大小,造成 4000 多亩农作物减产。下午 5 时许,一场突如其来的风雨雷电袭击濮阳,半小时内,濮阳市区水满为患,数十条道路成"水路",不少轿车搁浅,数以百计的树木被连根拔起,树木折断 3 万余棵,小麦大面积倒伏,多处大棚损坏,房屋损坏 33 间,多个居民小区电力中断,雷击造成多户居民家用电器损坏,具有良好避雷设施的濮阳雷达站机房因感应电而导致 2 台交换机损坏。下午 6 时至晚 10 时,长垣县出现暴雨、冰雹、大风等强对流天气,最大冰雹直径 21 mm,最大风速 21.4 m/s,3 个多小时最大降水量达 93.8 mm。魏庄、南蒲、赵堤等 11 个乡镇受灾严重,全县小麦倒伏、落粒 7800 亩,杨树倒伏 920 棵,损毁蔬菜大棚 39 座,房屋倒塌 40 间,受灾人口 8 万多人,共造成直接经济损失约 2801 万元。

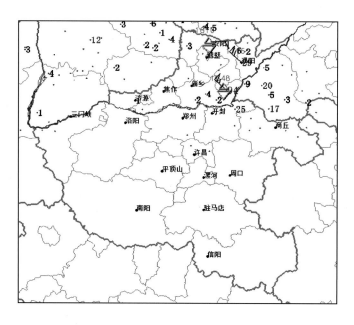

图 3.16.1 2010 年 5 月 29 日 08 时—30 日 08 时降水量和强对流灾害天气实况

（2）天气形势和中尺度天气分析

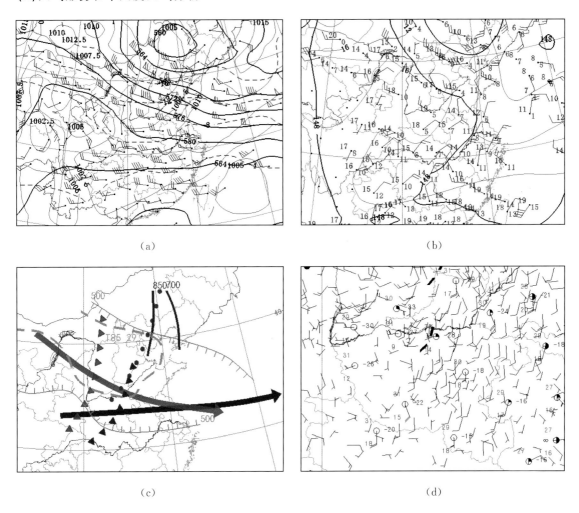

（a）

（b）

（c）

（d）

图3.16.2 2010年5月29日天气图

（a）08时500 hPa高空图和14时海平面气压，（b）08时850 hPa高空图，（c）08时高空综合分析图，（d）14时地面图

（3）单站（订正）探空

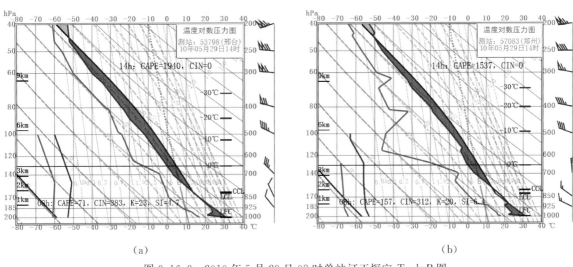

（a）

（b）

图3.16.3 2010年5月29日08时单站订正探空 $T-\ln P$ 图

（a）14时安阳地面温度、露点订正的邢台站，（b）14时长垣地面温度、露点订正的郑州站

(4)雷达回波特征

①雷达回波演变

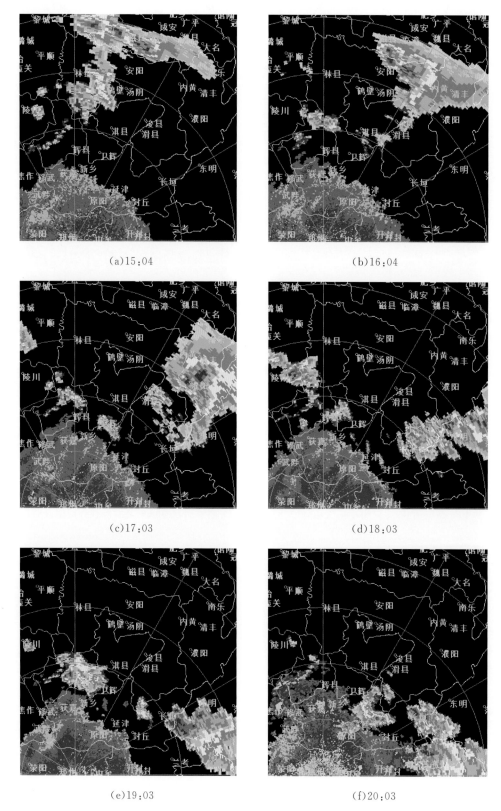

(a)15:04

(b)16:04

(c)17:03

(d)18:03

(e)19:03

(f)20:03

图 3.16.4　2010 年 5 月 29 日 15:04—20:03 郑州雷达 1.5°基本反射率因子

②典型特征

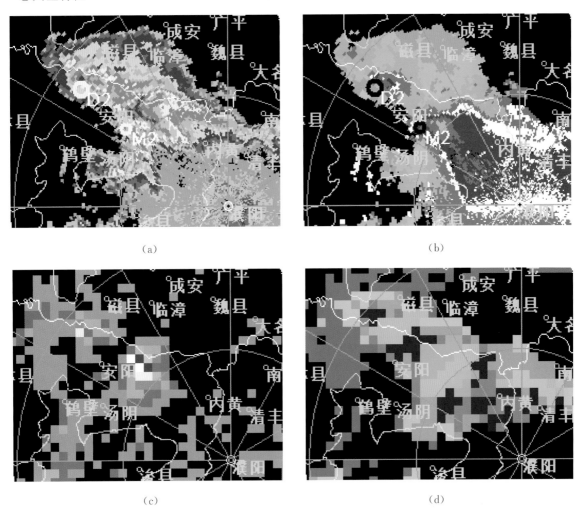

(a)　　　　　　　　　　　　(b)

(c)　　　　　　　　　　　　(d)

图 3.16.5　2010 年 5 月 29 日 15:47 濮阳雷达产品

(a)2.4°基本反射率因子,(b)2.4°平均径向速度,(c)垂直积分液态水含量,(d)回波顶高

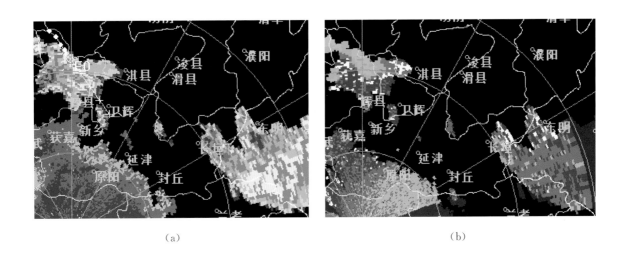

(a)　　　　　　　　　　　　(b)

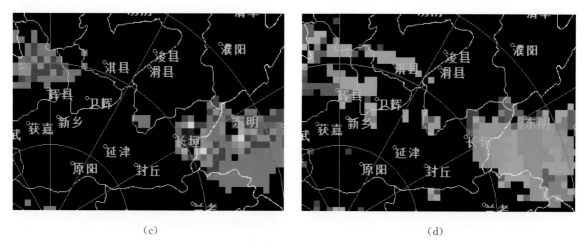

(c)　　　　　　　　　　　　　　(d)

图 3.16.6　2010 年 5 月 29 日 18:45 郑州雷达产品
(a)1.5°基本反射率因子,(b)1.5°平均径向速度,(c)垂直积分液态水含量,(d)回波顶高

(5)小结

①2010 年 5 月 29 日豫北强对流天气发生在蒙古东部低涡后部西北气流形势下,上层冷槽、低层暖脊的配置形成了上冷下暖的不稳定层结,华北南伸的低压底后部弱冷空气与其前侧偏南暖湿气流在河北、河南交界处形成东北—西南向辐合线,对此次强对流天气具有触发抬升作用。

②单站探空资料上层冷平流明显,具有中等强度的深层垂直风切变,利用 14 时辐射增温后的温度、露点订正后的对流有效位能明显跃增,有利于强对流天气的产生。

③15 时后,河北南部强对流回波向南移动影响安阳、濮阳,强度逐渐加强,部分块状回波发展成为超级单体,同时在其继续向东南方向移动的过程中,其西南部安阳和新乡东部生成多个对流回波,该回波在长垣移速减慢,对流旺盛。另外,新乡附近不断有对流降水回波生成并向东南方向移动影响长垣,使得长垣在出现雷暴大风、局地冰雹的同时,还出现了局地暴雨。

3.17　2010 年 7 月 17 日豫东龙卷强对流天气

(1)天气实况

2010 年 7 月 17 日河南东部、南部出现了大范围的区域暴雨天气,在这次暴雨过程中,17 日下午 5 时至当晚 7 时,夏邑县、虞城县 20 个乡镇上百个村庄遭遇龙卷,造成 2 人死亡,32 人受伤,10 余万人受灾。各地龙卷灾害如下:夏邑县歧河乡胡店村到处是倒塌的房屋和拦腰折断的树木,整个村子几乎找不到一间完好的房子。据当地村民介绍,17 日下午 5 时左右开始起风,后来风越来越大,屋顶上的瓦刮得到处乱飞,甚至把太阳能热水器刮到两千米以外,125 式的摩托车,隔着 3 米多高的围墙,从院子里被刮到田地里。某居民家楼房上单块重达 600 多斤的楼板被风刮下来三四块,其中一块竟然向北飞落了一二十米。夏邑县济阳镇居民反映 17 日晚 5 时,天瞬间就黑了,然后暴雨倾盆,暴雨过后,天空变亮,一阵狂风刮来。"风刮了 3 分钟左右,邻居家准备出售的铁门都被刮到空中。"某居民一觉醒来,发现房顶没了。一家太阳能专卖店门口放了 12 台太阳能热水器,狂风来时,"嗖"的一下飞出 10 米多远。17 日 17 时 30分,夏邑县桑固乡的苗楼、吴庄、李口等村庄遭龙卷严重袭击,玉米全部匍匐在地,一搂多粗的大树全部被拦腰拧断,电线、电杆被砸断,许多村民的房屋屋顶被揭,家禽被卷走。17 日 18:10 至 18:26 虞城县黄冢乡出现龙卷,王楼集全村绝大部分房屋屋顶被风掀掉,杨树大都被拦腰折断,倒塌损坏房屋 105 间,树木折断 10117 棵,电线杆损坏 53 根,电力中断 6 个小时。经济损失 54 万元。此外,安徽亳州和砀山也遭受了龙卷袭击,砀山县各乡镇都出现了不同程度的灾情,李庄、玄庙、良梨、关帝庙等乡镇受灾最为严重,其中良梨镇于黄楼村遭到毁灭性袭击,民房全部倒塌。全县 28 万人受灾,1 人死亡,30 人受伤,共计损毁房屋 5900 间,倒塌房屋 1980 间,直接经济损失 5.05 亿元,其中农业损失 4.14 亿元。按照 Fujita 龙卷等级标准,可确定商丘东部龙卷等级至少达到了 F2 级(张一平等,2012)。

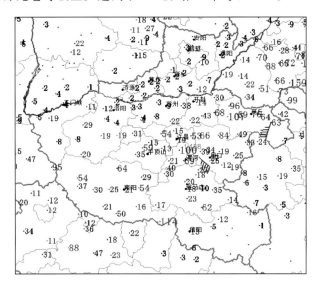

图 3.17.1　2010 年 7 月 17 日灾害天气实况和 17 日 08 时—18 日 08 时降水量

(2)天气形势和中尺度天气分析

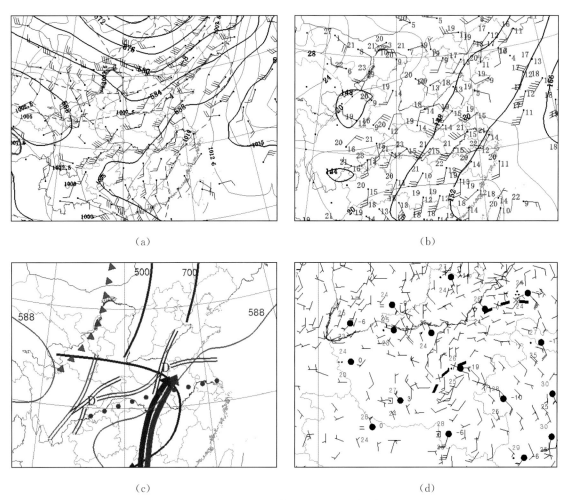

(a)

(b)

(c)

(d)

图 3.17.2　2010 年 7 月 17 日天气图

(a)08 时 500 hPa 高空图和 14 时海平面气压,(b)08 时 850 hPa 高空图,(c)08 时高空综合分析图,(d)14 时地面图

(3) 单站(订正)探空

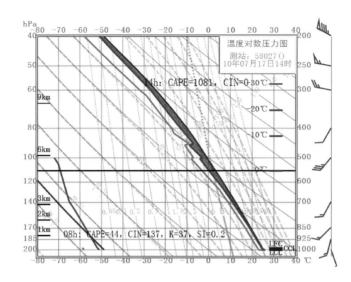

图 3.17.3　2010 年 7 月 17 日 14 时夏邑地面温度、露点订正的徐州 08 时探空 $T-\ln P$ 图

(4) 雷达回波特征

①雷达回波演变

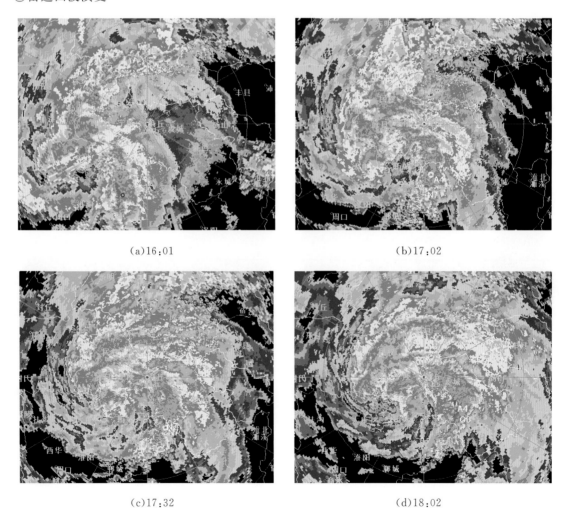

(a)16:01　　　　　　　　　　　(b)17:02

(c)17:32　　　　　　　　　　　(d)18:02

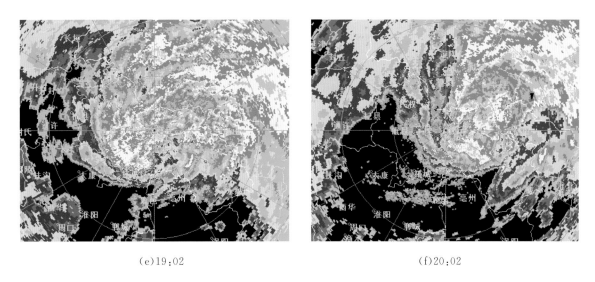

(e)19:02　　　　　　　　　　　　　(f)20:02

图 3.17.4　2010 年 7 月 17 日 16:01—20:02 商丘雷达 1.5°基本反射率因子

②典型特征

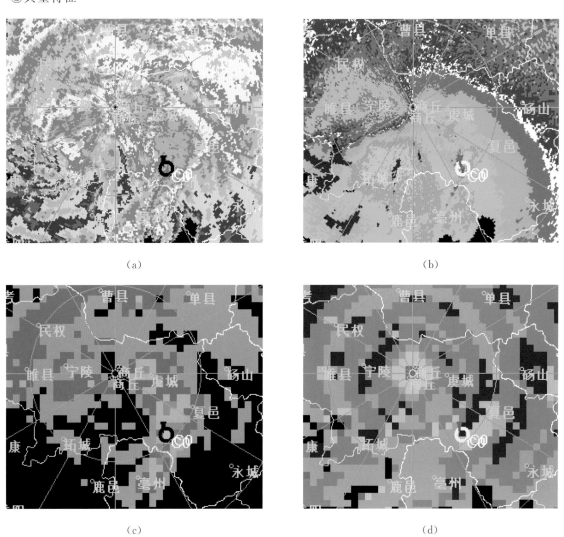

(a)　　　　　　　　　　　　　　(b)

(c)　　　　　　　　　　　　　　(d)

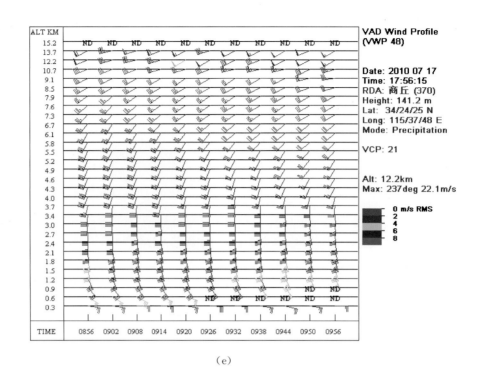

(e)

图 3.17.5　2010 年 7 月 17 日 17:56 商丘雷达产品
(a)1.5°基本反射率因子,(b)1.5°平均径向速度,(c)垂直积分液态水含量,(d)回波顶高,(e)风廓线

(5)小结

①2010 年 7 月 17 日下午商丘地区东部龙卷发生在副热带高压边缘西南气流影响河南出现区域暴雨的过程中,高层为青藏高压脊北侧和高空急流入口区右后侧强辐散区,中低层有低涡、切变线、低空急流,龙卷发生在地面 β 中低压气旋中心东南象限,距气旋中心约 50 km 处。

②单站探空图上湿层深厚,对流有效位能在 1000 J/kg 以上,大气层结不稳定,低层垂直风切变大,抬升凝结高度低,有利于龙卷产生。

③螺旋雨带中部向东凸起的强降水下沉气流和上升入流交界处的上升气流一侧是龙卷易出现的关键区域。速度图上有 γ 中尺度涡旋系列,涡旋先后经历了三维相关切变、中气旋、龙卷涡旋特征的演变过程,中气旋朝向雷达的速度明显大于离开雷达的速度,具有不对称结构,中气旋提前于龙卷发生前 0.5～1 小时出现,这对估计和预警龙卷很有意义。

3.18　2010 年 7 月 19 日长葛龙卷强对流天气

(1)天气实况

2010 年 7 月 19 日 05 时 30 分许,长葛东部南席镇拐子张、张子店两村出现严重风灾。据长葛市民政局调查数据,过程共造成 800 人受灾,树木折断、刮倒 5580 棵,树倒砸坏民房 197 间,玉米倒伏 53.3 公顷,电力线路损坏 3 km,经济损失达 285.1 万元。为进一步掌握受灾情况,许昌市气象局派出市、县局灾情调查组,深入受灾现场,开展气象灾情调查和影响评估。调查组走访询问目击者 20 余人,据现场目击者称,05 时 30 分许,瞬间黑风突起,能见度仅数十米远,双臂紧紧抱住大树才不至被刮走,3 分钟左右风住雨止,视野逐渐开阔,到处一片狼藉。通过深入实地调查,强对流天气主要影响长葛市南席镇拐子张和张子店两村东部,南北尺度约 1.5 km,东西尺度约 0.2 km。过程初始,风暴系统首先造成张子店村成片树林被拦腰折断、作物大面积倒伏,然后向西北方向行进,造成拐子张村大部分树木被刮倒,树干扭曲,有的被连根拔起,房屋被大树砸倒、压塌等严重灾情。从张子店村受灾情况来看,树木和作物倒伏方向呈现一致性,均是自东南向西北方向倒伏,应系对流系统生成之初引发雷雨大风天气所致。而拐子张村树木倒伏方向不一致,有的甚至被连根拔起。通过分析拐子张村树林倒伏的不同方位,可以看出风暴影响拐子张村时明显加强,且使树木呈气旋性旋转倒伏。此次龙卷天气具有持续时间短、尺度小、灾害严重、树木等呈气旋性旋转倒伏的特征。根据 Fujita 龙卷等级定义,此次龙卷应为 F0 级微龙卷,瞬时风速达 10～11 级(王红燕等,2013)。

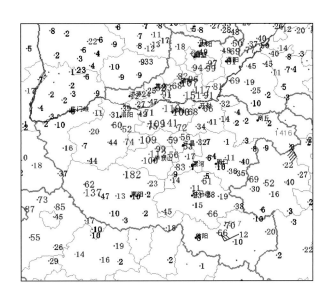

图 3.18.1　2010 年 7 月 18 日 08 时—19 日 08 时降水量和灾害天气实况

(2)天气形势和中尺度天气分析

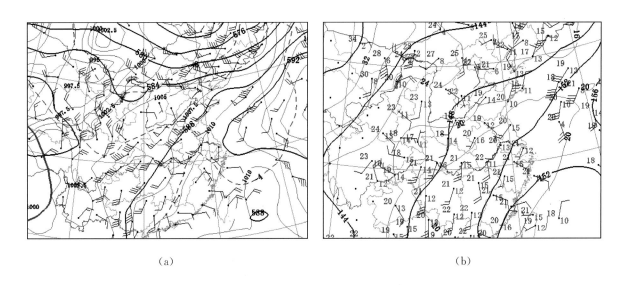

(a)　　　　　　　　　　　　　　　(b)

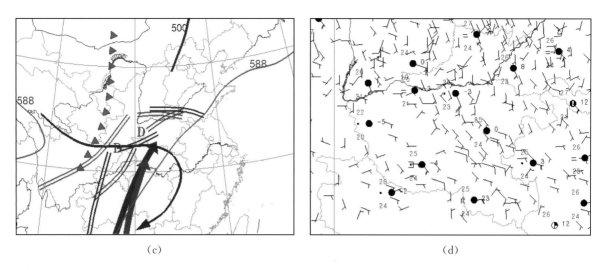

(c)   (d)

图 3.18.2 2010 年 7 月 18 日天气图

(a)20 时 500 hPa 高空图和海平面气压,(b)20 时 850 hPa 高空图,(c)20 时高空综合分析图,(d)20 时地面图

(3)单站(订正)探空

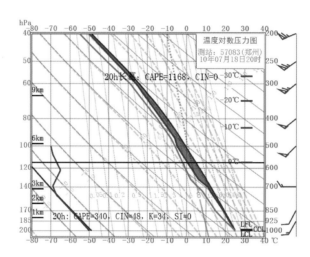

图 3.18.3 2010 年 7 月 18 日 20 时长葛地面温度、露点订正的 20 时郑州探空 $T-\ln P$ 图

(4)雷达回波特征

①雷达回波演变

(a)04:32   (b)05:02

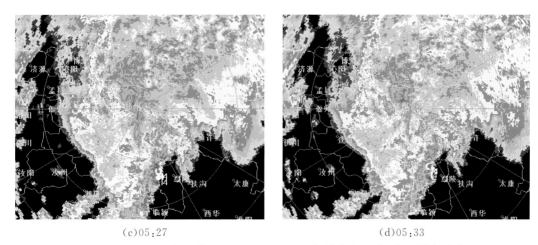

(c)05:27　　　　　　　　　　　　　(d)05:33

图 3.18.4　2010 年 7 月 19 日 04:32—05:33 郑州雷达 1.5°基本反射率因子

②典型特征

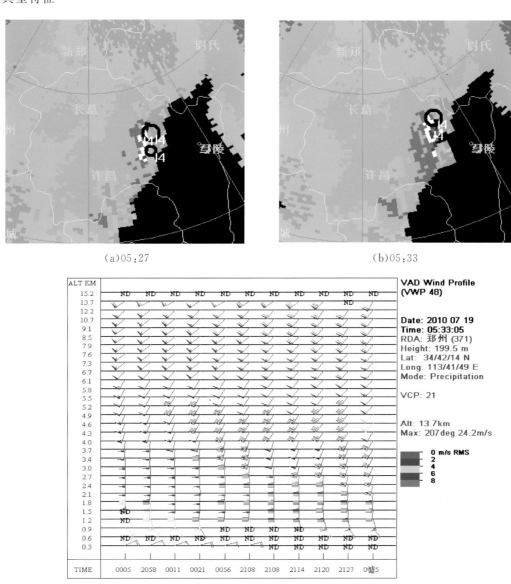

(a)05:27　　　　　　　　　　　　　(b)05:33

(c)05:33

图 3.18.5　2010 年 7 月 19 日郑州雷达产品

（a）05:27 1.5°平均径向速度,（b）05:33 1.5°平均径向速度,（c）05:33 风廓线

(5)小结

①2010年7月19日长葛南席罕见龙卷天气发生在副热带高压边缘西南气流影响河南出现区域暴雨、大暴雨过程中,高层为青藏高压脊北侧和高空急流入口区右后侧强辐散区,中低层有低涡、切变线、低空急流,龙卷发生在地面β中低压气旋中心东南象限,距气旋中心约60 km处。

②单站探空湿层深厚,对流有效位能在1000 J/kg以上,大气层结不稳定,低层垂直风切变大,抬升凝结高度低,有利于龙卷产生。

③龙卷发生在冷式切变线强回波雨带中部向东凸起的强降水下沉气流和上升入流交界处的上升气流一侧,平均径向速度图上龙卷发生前30～40分钟出现的中气旋和龙卷涡旋特征,可以作为提前进行龙卷预警的可靠参考。

3.19 2010年9月4日孟津极端大风天气

(1)天气实况

2010年9月4日06—08时,河南孟津县出现了雷暴大风、短时强降水和局地冰雹等强对流天气,小浪底库区最大降雨量达60 mm,瞬时极大风速达43 m/s,最高风力达14级,县城极大风速24.4 m/s,局部地区伴有直径2 cm左右的冰雹。雷暴大风夹杂着暴雨和冰雹自西向东移,孟津县大部地区受灾,其中小浪底、白鹤、会盟、城关、宋庄等沿黄乡镇受灾最为严重。强对流天气导致树木大量倒伏,207国道孟津段、314省道孟津段(孟扣路)和新安段(许横公路)等干线公路因大量树木倒伏路面而断行,3处桥梁漫水坍塌。秋作物大量倒伏,玉米、烟叶等农作物受灾面积14022公顷。多个乡镇通信、电力中断,部分房屋倒塌,因房屋倒塌死亡1人,黄河小浪底库区水面捕捞船只翻(沉)7艘,失踪1艘,直接经济损失达72196万元(席世平等,2010)。

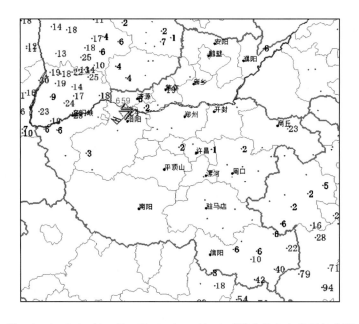

图3.19.1 2010年9月3日08时—4日08时降水量和灾害天气实况

（2）天气形势和中尺度天气分析

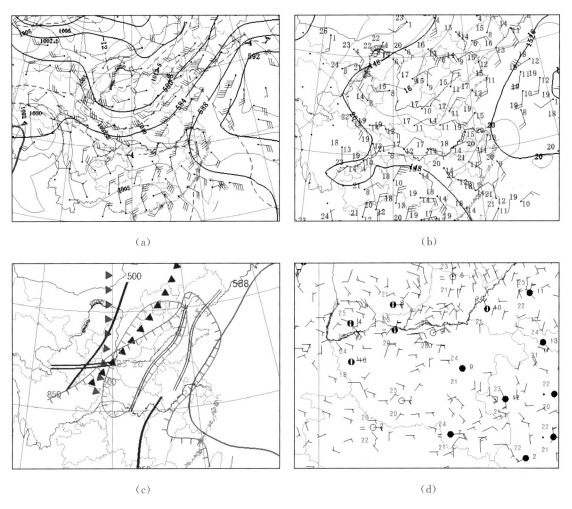

（a）　　　　　　　　　　　　　　　　（b）

（c）　　　　　　　　　　　　　　　　（d）

图 3.19.2　2010 年 9 月 3 日天气图

（a）20 时 500 hPa 高空图和 14 时海平面气压，（b）20 时 850 hPa 高空图，（c）20 时高空综合分析图，（d）20 时地面图

（3）单站探空

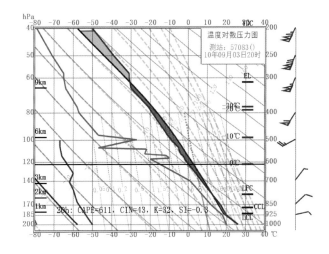

图 3.19.3　2010 年 9 月 3 日 20 时孟津地面温度、露点订正的 20 时郑州探空 $T-\ln P$ 图

（4）雷达回波特征

①雷达回波演变

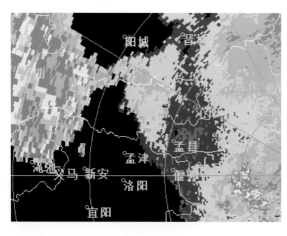
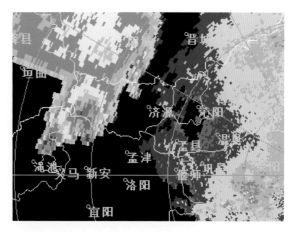

(a)04:00　　　　　　　　　　　　　　　(b)05:01

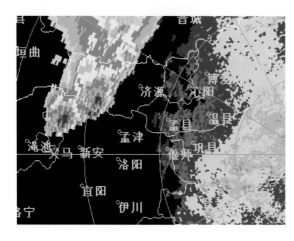
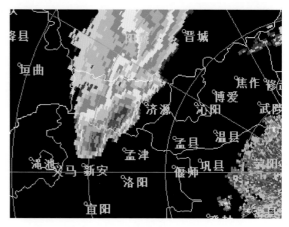

(c)05:31　　　　　　　　　　　　　　　(d)06:05

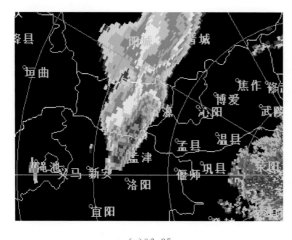
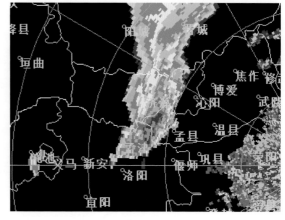

(e)06:35　　　　　　　　　　　　　　　(f)07:05

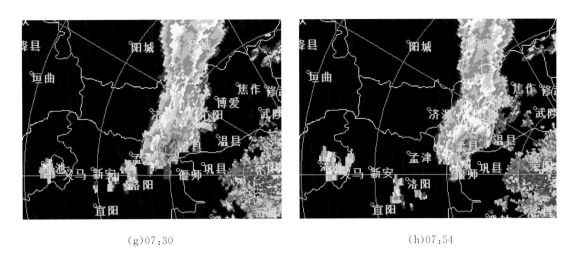

(g)07:30　　　　　　　　　　　　　　　(h)07:54

图 3.19.4　2010 年 9 月 4 日 04:00—07:54 郑州雷达 1.5°基本反射率因子

②典型特征

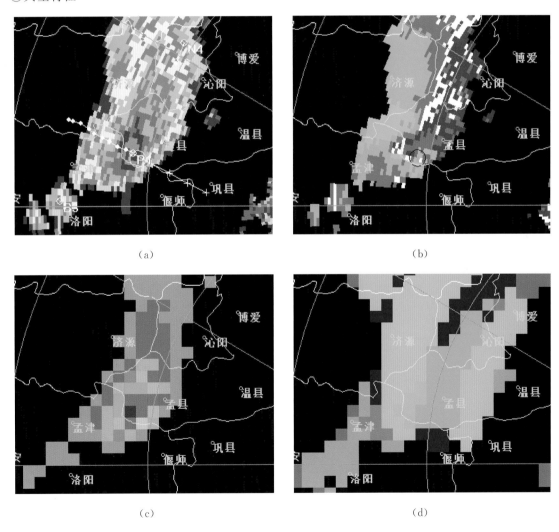

(a)　　　　　　　　　　　　　　　(b)

(c)　　　　　　　　　　　　　　　(d)

图 3.19.5　2010 年 9 月 4 日 07:17 郑州雷达产品
(a)1.5°基本反射率因子,(b)1.5°平均径向速度,(c)垂直积分液态水含量,(d)回波顶高

(5)小结

2010年9月4日孟津极端大风强对流天气发生在6号台风在东南沿海登陆,受副热带高压阻挡500 hPa低槽收缩东移的形势下,低层受台风倒槽偏东气流影响有明显湿区,高空则有明显干区,大气层结上干下湿,受高空槽动力抬升和地面偏东气流影响,3日晚上强对流回波在陕西发展加强为飑线回波带,4日早上进入河南三门峡境内,随后继续向东北方向移动,其南端的强回波始终维持,在回波移动到孟津西北部小浪底库区时,可能受陆地与水面之间较大的温度湿度差异造成的温湿梯度影响,对流发展,南端的两块较强对流回波沿黄河南岸东移加强,05—07时发展成为超级单体,导致孟津出现极端大风、局地冰雹、强降水等灾害性强对流天气。凌晨出现极端雷暴大风强对流天气非常罕见,与孟津西高东低、中部高、南北低、形如鱼脊的地形及西北的小浪底水库和北侧的黄河等复杂的地理环境有很大关系(席世平等,2010)。

3.20 2011年6月11日豫北强对流天气

(1)天气实况

2011年6月11日15—23时,豫北出现了一次强对流天气,先后有30站次出现雷暴,鹤壁浚县小河出现92.4 mm(其中18—19时1小时降雨量达到58.0 mm)、安阳滑县出现74.3 mm的局地短时强降水,鹤壁浚县新镇、安阳滑县焦虎、内黄城关和新乡卫辉、延津和长垣北部出现了直径为2~5 cm大小的冰雹。3站出现17 m/s以上的雷暴大风,其中安阳测站17:47出现24 m/s大风。安阳滑县受灾最为严重,先后出现冰雹和短时强降水天气,庄稼、大棚、树木、围墙都受到不同程度的损毁,滑县的冰雹尤为显著,最大直径5 cm左右,老店南、焦虎北、瓦岗三分之二以上的麦子绝收,瓦岗乡大操、周道、梦庄、伦庄、白露和曹固几个村子受灾比较严重,麦子基本绝收,大棚西瓜被毁,汽车和一些房屋玻璃被砸。据统计,滑县农作物受灾面积39850亩,成灾面积3975亩,刮塌大棚562座,房屋倒塌26间,直接经济损失536.9万元(苏爱芳等,2012)。

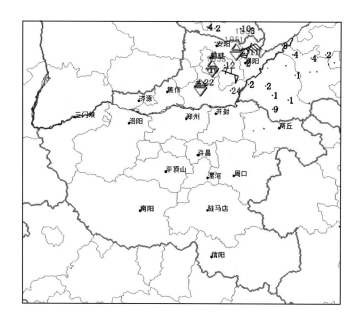

图3.20.1 2011年6月11日08时—12日08时降水量和灾害天气实况

（2）天气形势和中尺度天气分析

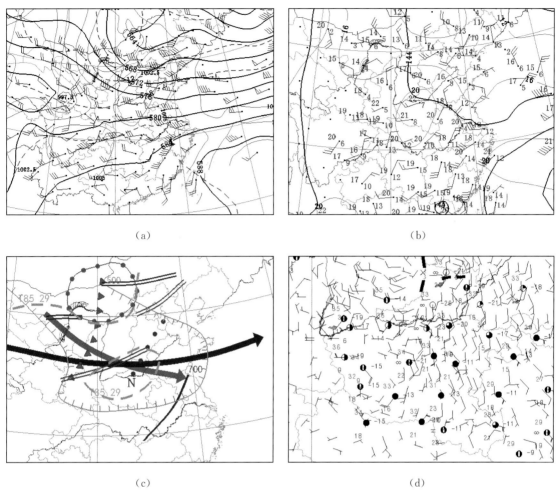

（a）

（b）

（c）

（d）

图 3.20.2　2011 年 6 月 11 日天气图

（a）08 时 500 hPa 高空图和 14 时海平面气压，（b）08 时 850 hPa 高空图，（c）08 时高空综合分析图，（d）14 时地面图

（3）单站（订正）探空

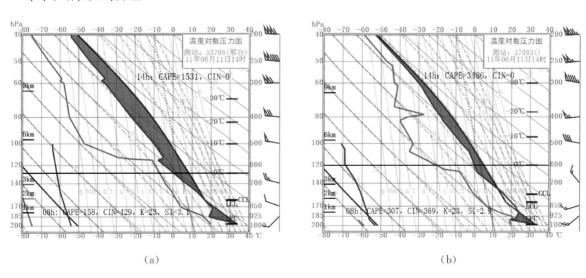

（a）

（b）

图 3.20.3　2011 年 6 月 11 日 08 时单站订正探空 $T-\ln P$ 图

（a）14 时滑县地面温度、露点订正的邢台站，（b）14 时延津地面温度、露点订正的郑州站

（4）雷达回波特征

①雷达回波演变

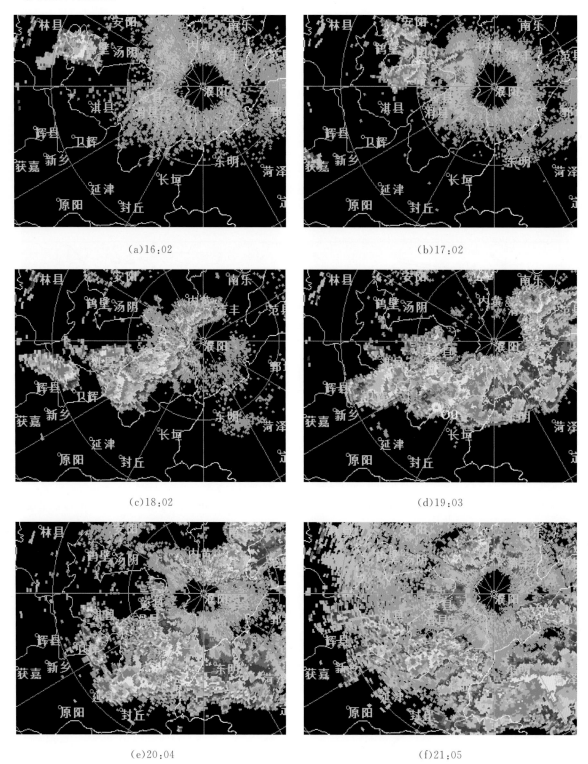

(a)16:02　　　　　　　　　　　　(b)17:02

(c)18:02　　　　　　　　　　　　(d)19:03

(e)20:04　　　　　　　　　　　　(f)21:05

图 3.20.4　2011 年 6 月 11 日 16:02—21:05 濮阳雷达 1.5°基本反射率因子

②典型特征

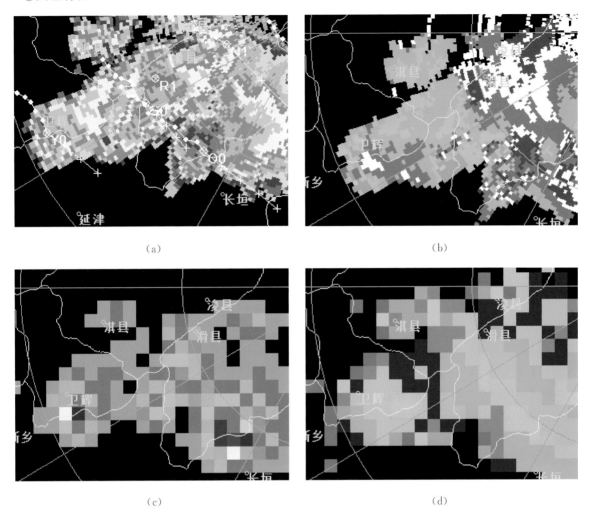

（a）　　　　　　　　　　　　（b）

（c）　　　　　　　　　　　　（d）

图 3.20.5　2011 年 6 月 11 日 19:15 濮阳雷达产品
（a）2.4°基本反射率因子，（b）2.4°平均径向速度，（c）垂直积分液态水含量，（d）回波顶高

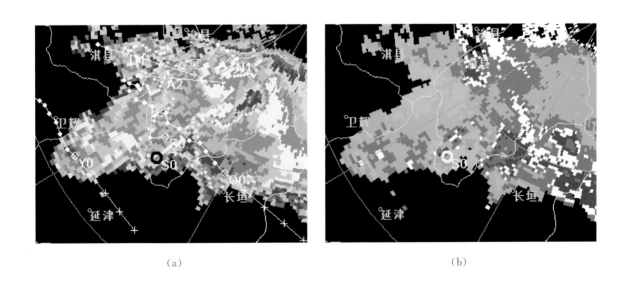

（a）　　　　　　　　　　　　（b）

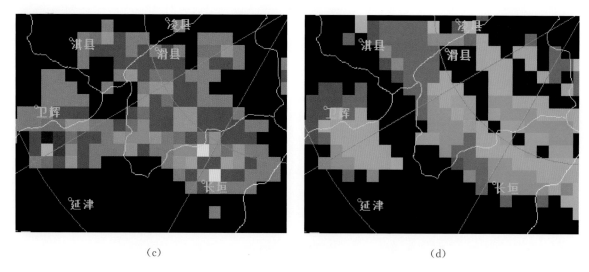

(c)   (d)

图 3.20.6 2011 年 6 月 11 日 19:28 濮阳雷达产品
(a)2.4°基本反射率因子,(b)2.4°平均径向速度,(c)垂直积分液态水含量,(d)回波顶高

(5)小结

①2011 年 6 月 11 日豫北强对流天气发生在东北冷涡维持河南受西北气流控制的背景下,河南北部高空扩散南下的冷空气叠加在低层暖空气层之上,有利于位势不稳定度加大。高低层中尺度影响系统(横槽、切变线、大风速轴)交汇处是强对流天气发生的潜势区。地面图上安阳西部低压辐合中心对初始对流具有触发作用。

②单站探空订正分析显示,强对流发生区大气层结上干冷、下暖湿,具有较强的深层垂直风切变,午后辐射增温后订正的探空不稳定能量明显增大,有利于强对流天气产生。

③15 时后初始对流在安阳林州生成,加强并向东南方向移动过程中,新乡北部有多个对流回波生成并向东移,18 时多单体对流回波呈东北—西南向带状,滑县灾害强对流天气是由发展旺盛的超级单体造成,冰雹发生时,有明显三体散射特征。本次强对流基本为多单体回波,受高空气流引导整体向东偏南方向移动。

3.21 2011 年 6 月 24 日嵩县局地冰雹天气

(1)天气实况

2011 年 6 月 24 日晚,洛阳、三门峡两地区以及南阳北部遭遇强对流天气,局地出现冰雹,其中嵩县受灾最严重。24 日 22:13—23:18,洛阳市嵩县城区及其周围的闫庄、大坪、库区、城关、纸房、木植街、车村等地遭受雷暴大风、冰雹、局地暴雨等强对流天气袭击,瞬间最大风速达到 26.3 m/s,最大风力达到 10 级,并伴有强冰雹,冰雹最大直径达 6 cm,降雹持续 20 分钟左右,地面积雹 3 cm,次日低洼地方仍有冰雹存在。20—24 时,嵩县降水量达 55.8 mm,县城部分地区积水达 1.2 m。23 时,城区多处发生供电中断现象。当天晚间在伊川、嵩县至栾川一线的公路上,道路两边到处是被风刮倒或刮断的大树,停在路边的一些汽车,前后挡风玻璃被打碎,县城街道旁路灯的玻璃罩几乎全被砸碎。如此强的冰雹为嵩县历史罕见,风雹造成车辆、房屋、玻璃等受损,树木被刮倒、折断,烟叶等农作物严重受灾,多条电力线路停电,主要公路交通堵塞,直接经济损失 6317.8 万元(袁鹏飞等,2012)。

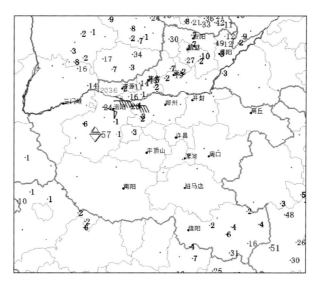

图 3.21.1 2011 年 6 月 24 日 08 时—25 日 08 时降水量和灾害天气实况

（2）天气形势和中尺度天气分析

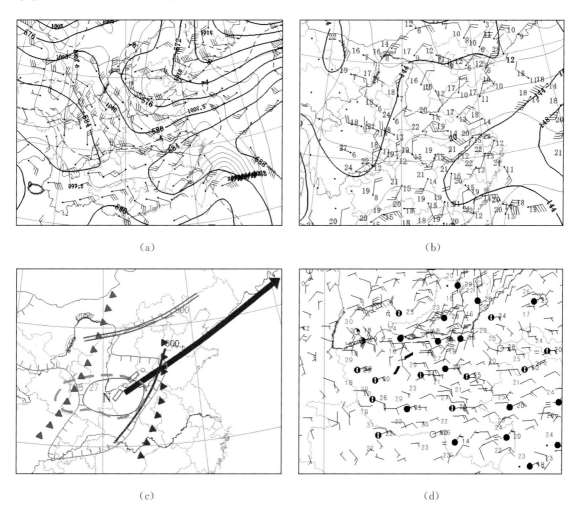

图 3.21.2 2011 年 6 月 24 日天气图

（a）08 时 500 hPa 高空图和 14 时海平面气压,（b）08 时 850 hPa 高空图,（c）08 时高空综合分析图,（d）14 时地面图

（3）单站（订正）探空

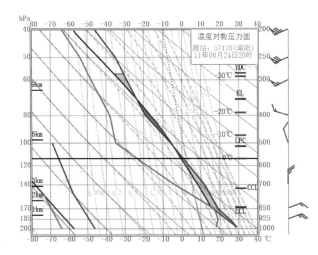

图 3.21.3　2011 年 6 月 24 日 20 时嵩县地面温度、露点订正的 20 时南阳探空 $T-\ln P$ 图

（4）雷达回波特征

①雷达回波演变

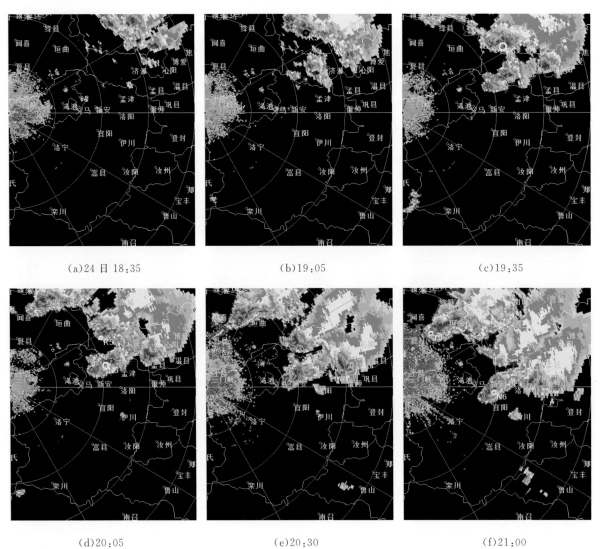

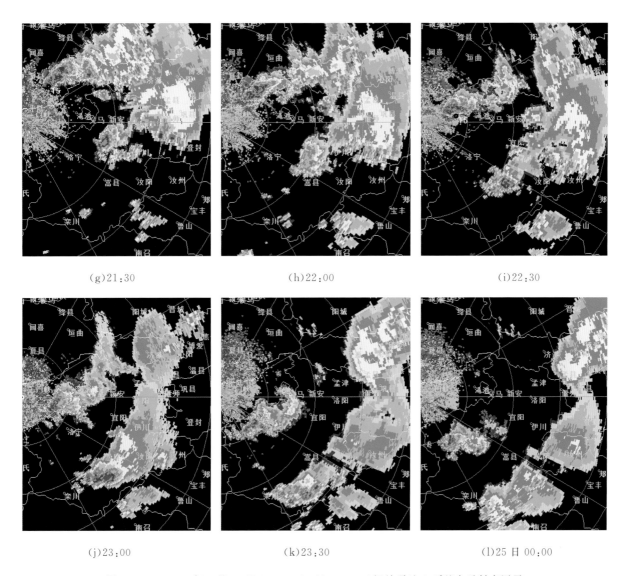

图 3.21.4　2011 年 6 月 24 日 18:35—25 日 00:00 三门峡雷达 1.5°基本反射率因子

② 典型特征

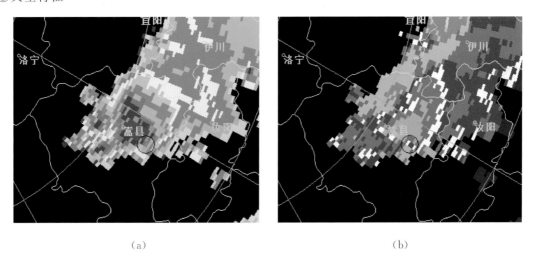

（a）　　　　　　　　　　　　　　　（b）

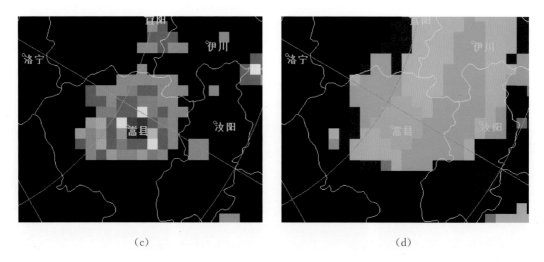

(c)　　　　　　　　　　　　　　　　　　(d)

图 3.21.5　2011 年 6 月 24 日 22:24 三门峡雷达产品
(a)2.4°基本反射率因子,(b)2.4°平均径向速度,(c)垂直积分液态水含量,(d)回波顶高

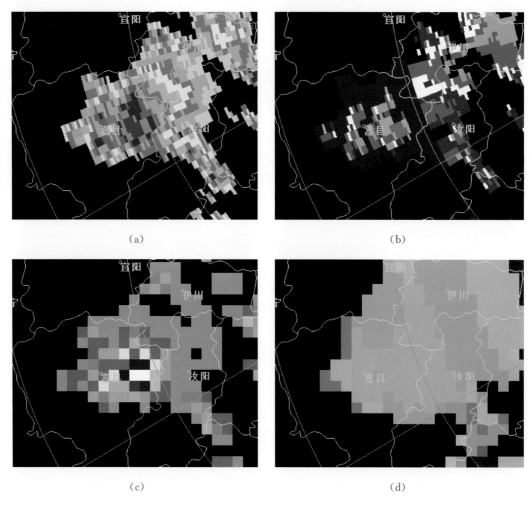

(a)　　　　　　　　　　　　　　　　　　(b)

(c)　　　　　　　　　　　　　　　　　　(d)

图 3.21.6　2011 年 6 月 24 日 22:24 郑州雷达产品
(a)1.5°基本反射率因子,(b)1.5°平均径向速度,(c)垂直积分液态水含量,(d)回波顶高

(5)小结

①高空横槽转竖,干冷空气入侵,中低层强的偏东风辐合,暖湿气流辐合上升,为冰雹的发生提供了有利的动力和水汽条件。上层冷平流叠加在低层暖区之上,为本次强对流天气提供了不稳定层结,东路冷空气扩散南下,为此次对流天气的产生提供了触发条件(嵩县距郑州和南阳探空站都较远,探空代表性差)。

②18 时后,山西南部对流回波向南移动影响河南西部,其前侧不断有对流回波生成,后侧回波减弱,22 时后在嵩县加强为超级单体,垂直积分液态水含量在 60 kg/m² 以上,回波顶高在 12 km 以上,有中气旋和 TBSS,是降雹的可靠信号。

3.22　2011 年 7 月 10 日豫北局地下击暴流天气

(1)天气实况

2011 年 7 月 10 日 13:34—14:40 的一个小时,一场强风暴袭击了河南清丰县城关镇、高堡乡、大流乡和南乐县部分乡镇。强风暴带来了狂风暴雨,并伴有小冰雹。测站最大风速 19 m/s,最大冰雹直径 7 mm,同时清丰县城关镇出现短时强降水天气,一小时降水量达 49.1 mm。本次过程是一次比较明显的湿宏下击暴流,对部分农作物和树木造成了较严重灾害,特别是玉米、棉花、尖椒、西瓜等农作物伤害严重,玉米被打伤,叶子被打烂,茎秆倒伏,西瓜被打坏,受灾面积达 2 万余亩,给农民造成巨大的经济损失(李改琴等,2013)。

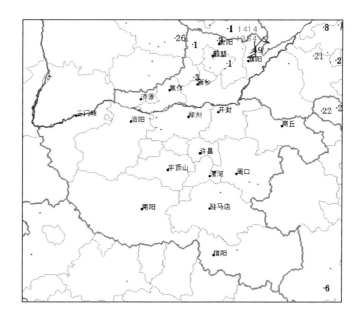

图 3.22.1　2011 年 7 月 10 日 08 时—11 日 08 时降水量和灾害天气实况

（2）天气形势和中尺度天气分析

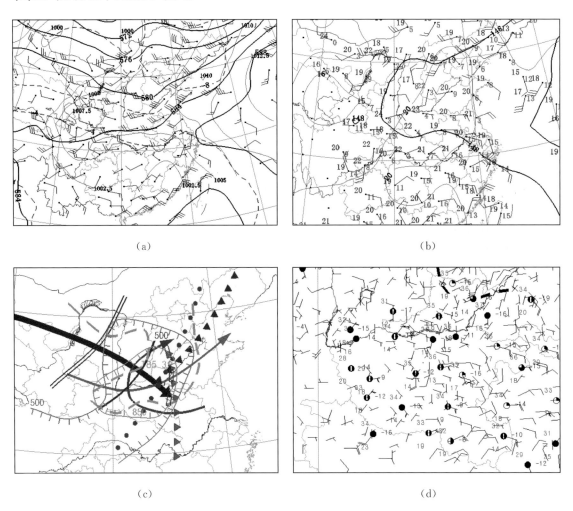

(a)

(b)

(c)

(d)

图 3.22.2　2011 年 7 月 10 日天气图

(a)08 时 500 hPa 高空图和 14 时海平面气压，(b)08 时 850 hPa 高空图，(c)08 时高空综合分析图，(d)14 时地面图

（3）单站（订正）探空

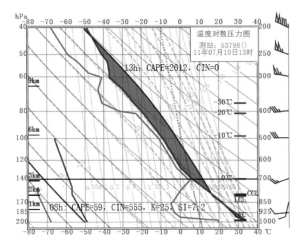

图 3.22.3　2011 年 7 月 10 日 13 时清丰地面温度、露点订正的 08 时邢台探空 $T-\ln P$ 图

(4)雷达回波特征

①雷达回波演变

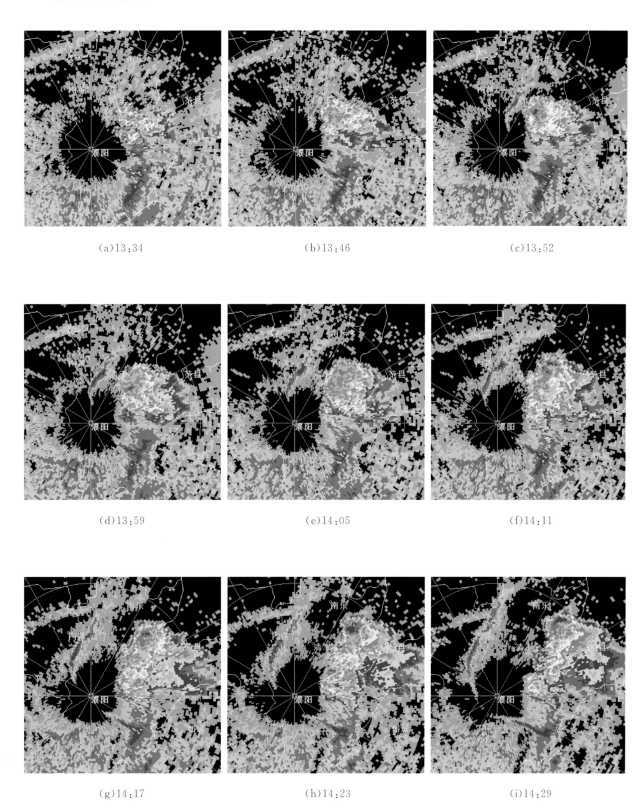

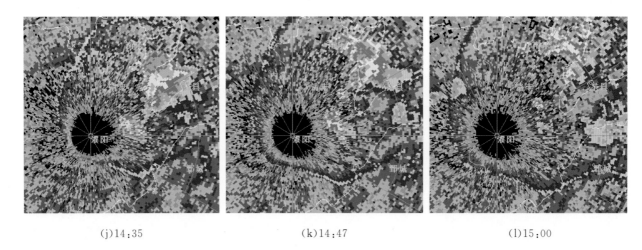

(j)14:35   (k)14:47   (l)15:00

图3.22.4 2011年7月10日13:34—14:29 1.5°和14:35—15:00 0.5°濮阳雷达基本反射率因子

②其他产品特征

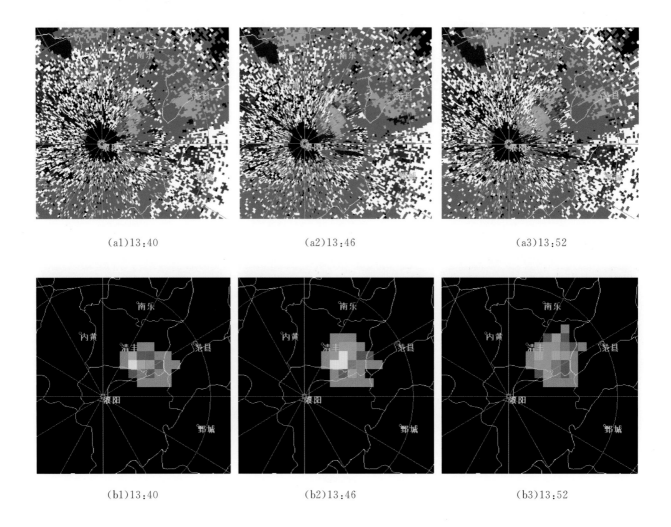

(a1)13:40   (a2)13:46   (a3)13:52

(b1)13:40   (b2)13:46   (b3)13:52

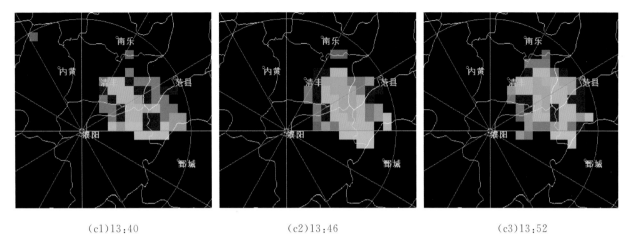

|(c1)13:40|(c2)13:46|(c3)13:52|

图 3.22.5　2011 年 7 月 10 日濮阳雷达产品

((a)、(b)、(c)分别为 0.5°平均径向速度、垂直积分液态水含量和回波顶高,1、2、3 表示时间分别为 13:40、13:46、13:52)

(5)小结

①2011 年 7 月 10 日豫北局地下击暴流发生在高空槽东移影响的形势下,中低层处于高压脊中,为弱反气旋,地面有明显的辐合线,高空槽和地面辐合为局地对流天气的产生提供了动力条件。

②大气层结上湿下干,垂直风切变弱,订正的 14 时探空有较大的对流有效位能,为局地强对流天气的产生提供了能量条件。

③雷达产品显示局地单体强风暴属于脉冲风暴,强风暴发生时,在低仰角径向速度图上有明显下击暴流辐散特征,并在风暴周围形成明显弧形出流边界。

3.23　2011 年 7 月 26 日黄河以南地区强对流天气

(1)天气实况

2011 年 7 月 26 日河南省黄河以南部分地区出现了暴雨,雨量分布不均,并伴有雷电、短时大风和短时强降水等强对流天气。21 个县站出现雷暴大风,最大风速出现在商城,达 27 m/s,淅川、新野出现了25 m/s 的短时大风,区域暴雨主要出现在许昌以南。14:30 左右,原本晴朗的郑州天空突然转暗,电闪雷鸣,14:50 天空阴暗白昼如夜,狂风骤起,大雨如注,最大降水出现在郑东新区的四十七中,雨量为113.5 mm。16:30—18:30 漯河部分乡镇自西向东先后出现了 17 m/s 以上的雷雨大风。南部部分地区出现暴雨。此次过程持续时间短、强度大、降水时段集中,并伴有雷电大风等强对流性天气,造成多地大面积积水,给道路交通及人们出行带来极大不便。

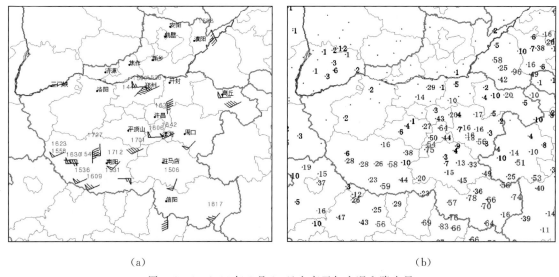

(a)　　　　　　　　　　　　　　　　(b)

图 3.23.1　2011 年 7 月 26 日灾害天气实况和降水量

(a)大风实况,(b)26 日 08 时—27 日 08 时降水量

(2)天气形势和中尺度天气分析

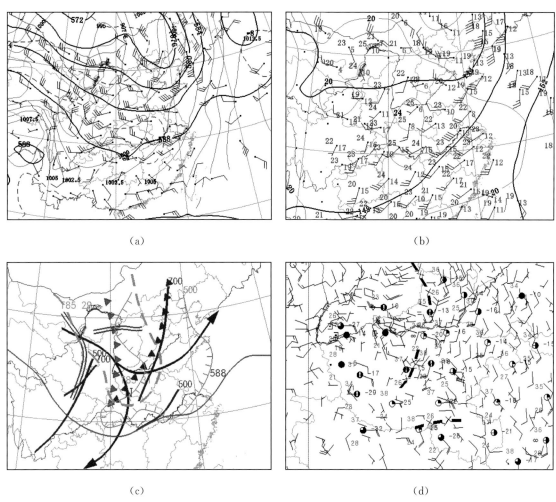

(a)　　　　　　　　　　　　　　　　(b)

(c)　　　　　　　　　　　　　　　　(d)

图 3.23.2　2011 年 7 月 26 日天气图

(a)08 时 500 hPa 高空图和 14 时海平面气压,(b)08 时 850 hPa 高空图,(c)08 时高空综合分析图,(d)14 时地面图

(3)单站(订正)探空

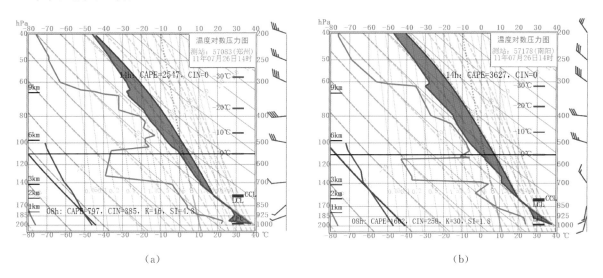

(a)　　　　　　　　　　　　　　(b)

图 3.23.3　2011 年 7 月 26 日 08 时单站订正探空 $T-\ln P$ 图
(a)14 时郑州地面温度、露点订正的郑州站,(b)14 时南阳地面温度、露点订正的南阳站

(4)雷达回波特征

①雷达回波演变

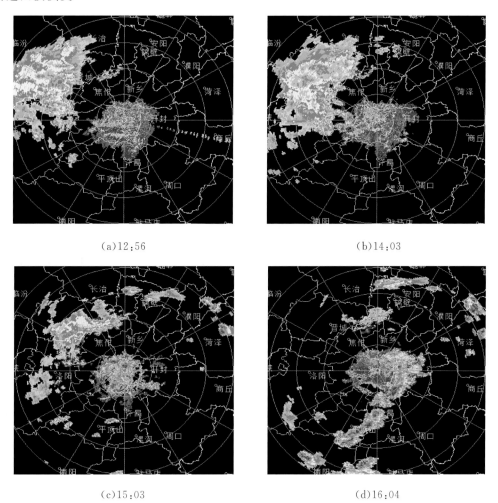

(a)12:56　　　　　　　　　　　　　(b)14:03

(c)15:03　　　　　　　　　　　　　(d)16:04

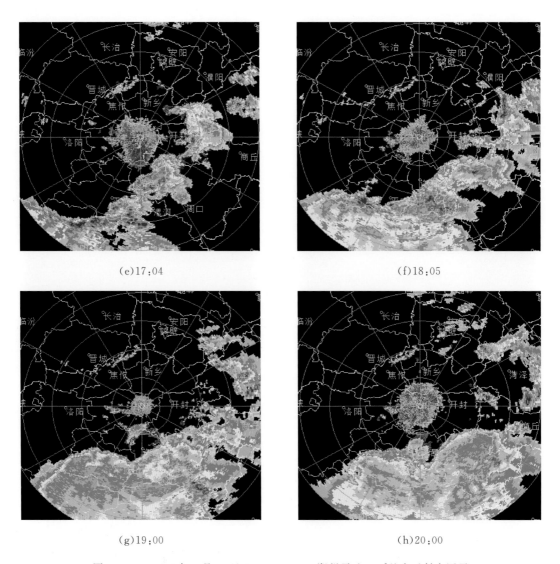

(e)17:04　　　　　　　　　　　　　　　　　(f)18:05

(g)19:00　　　　　　　　　　　　　　　　　(h)20:00

图 3.23.4　2007 年 7 月 26 日 12:56—20:00 郑州雷达 1.5°基本反射率因子

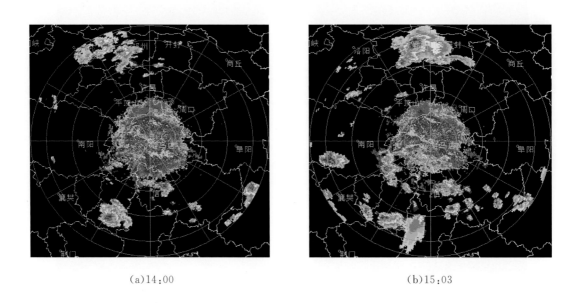

(a)14:00　　　　　　　　　　　　　　　　　(b)15:03

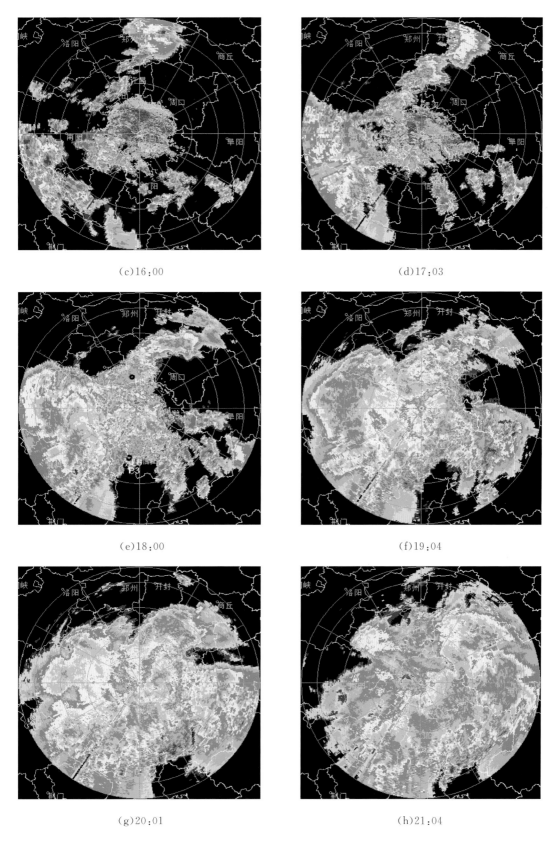

(c)16:00　　　　　　　　　　　　　　　(d)17:03

(e)18:00　　　　　　　　　　　　　　　(f)19:04

(g)20:01　　　　　　　　　　　　　　　(h)21:04

图 3.23.5　2011 年 7 月 26 日 14:00—21:04 驻马店雷达 1.5°基本反射率因子

②典型特征

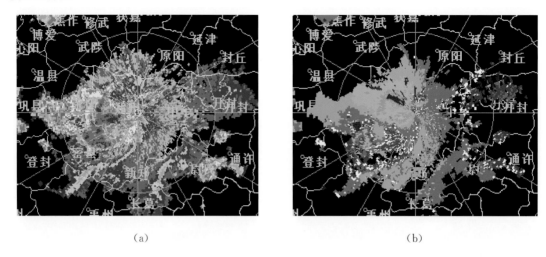

图 3.23.6 2011 年 7 月 26 日 14:39 郑州雷达产品
(a)1.5°基本反射率因子,(b)1.5°平均径向速度

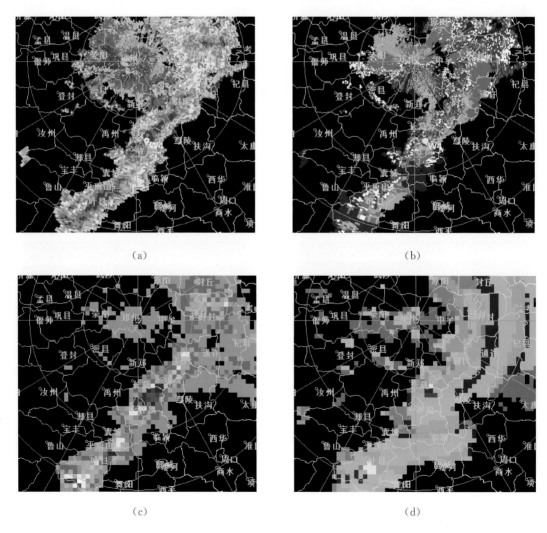

图 3.23.7 2011 年 7 月 26 日 16:16 郑州雷达产品
(a)1.5°基本反射率因子,(b)1.5°平均径向速度,(c)垂直积分液态水含量,(d)回波顶高

(5)小结

①2011 年 7 月 26 日河南黄河以南地区大范围雷暴大风、暴雨等强对流天气发生在副热带高压迅速南落东退、中纬度低槽发展东移的形势下。低层有明显暖中心,地面为 37 ℃以上的高温,高空冷槽叠加在低层暖区之上,从而形成上干冷、下暖湿的不稳定大气层结,在高空槽和地面辐合线的动力作用下使得不稳定能量释放而产生。

②午后地面温度、露点订正的探空显示对流有效位能明显增大,对流抑制迅速减小,非常有利于强对流天气的发生。

③在较强的热力不稳定条件下,12—18 时雷达图上表现为分散的强对流回波,对流发展旺盛,部分发展成为超级单体和强回波带,18 时后逐渐转化为混合降水回波。

3.24　2011 年 7 月 29 日豫西、豫北和中部强对流天气

(1)天气实况

2011 年 7 月 29 日,河南淮河以北大部分地区出现了阵雨、雷阵雨天气,雨量分布不均。下午,焦作市武陟、温县,新乡市延津,洛阳市洛龙区、新安、伊川县,郑州市荥阳,许昌市许昌、禹州等县(市)出现雷雨、大风、冰雹,局地龙卷(荥阳、禹州)。16:50 荥阳豫龙镇罗垌村王庄刮起龙卷,被刮起的物品随风旋转着有几十米高,2 分钟连根拔起 200 多棵树,在荥阳康泰东路和索河东路之间的罗垌村王庄一组的村头,随处可见歪倒的大树,粗的直径有半米左右,都朝着东面倒着,有的歪倒在路边,有的砸在房子上。大风致 15 户房屋受损,局地对流大风持续的时间只有两分钟,从下雨到雨停只有 20 分钟时间。18 时许,禹州市火龙镇辖区突然出现强对流天气,强风、暴雨、冰雹和龙卷一起袭来,恶劣天气持续了 20 多分钟,该镇受灾严重。据禹州市火龙镇统计,在这场强对流天气里,该镇 8 个行政村受灾严重。全镇玉米倒伏受灾 4150 亩,造成严重减产;玉米被刮断造成绝收 580 亩;树木被连根拔起或拦腰刮断 5500 棵;通信线杆及农用电线杆被刮倒 65 根,变压器损坏 3 台;厂房被刮塌 85 间,厂内设备损坏,经济损失达 300 多万元;民房受损 250 间,倒塌 15 间;5 名群众受伤。

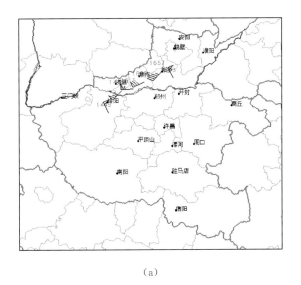
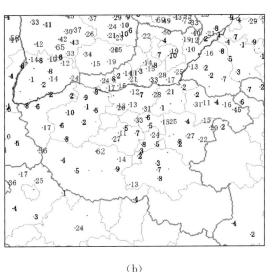

(a)　　　　　　　　　　　　　　　(b)

图 3.24.1　2011 年 7 月 29 日灾害天气实况和降水量
(a)大风、冰雹实况,(b)29 日 08 时—30 日 08 时降水量

（2）天气形势和中尺度天气分析

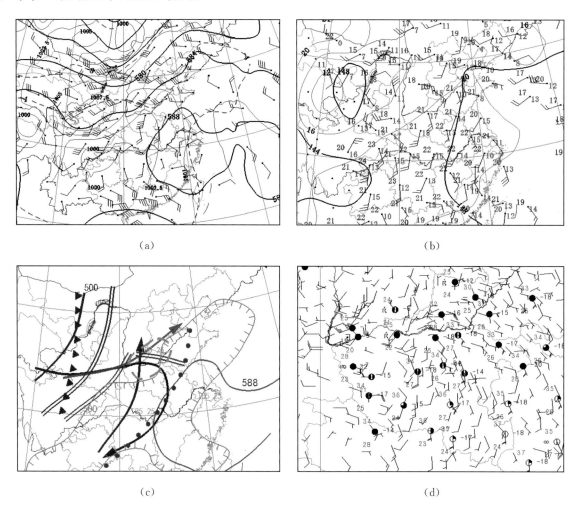

（a）

（b）

（c）

（d）

图 3.24.2　2011 年 7 月 29 日天气图

（a）08 时 500 hPa 高空图和 14 时海平面气压，（b）08 时 850 hPa 高空图，（c）08 时高空综合分析图，（d）14 时地面图

（3）单站（订正）探空

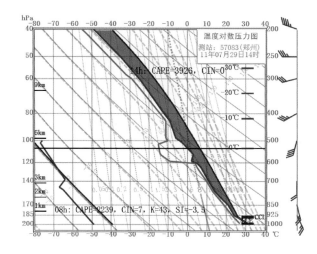

图 3.24.3　2011 年 7 月 29 日 14 时武陟地面温度、露点订正的 08 时郑州探空 *T*-ln*P* 图

（4）雷达回波特征

①雷达回波演变

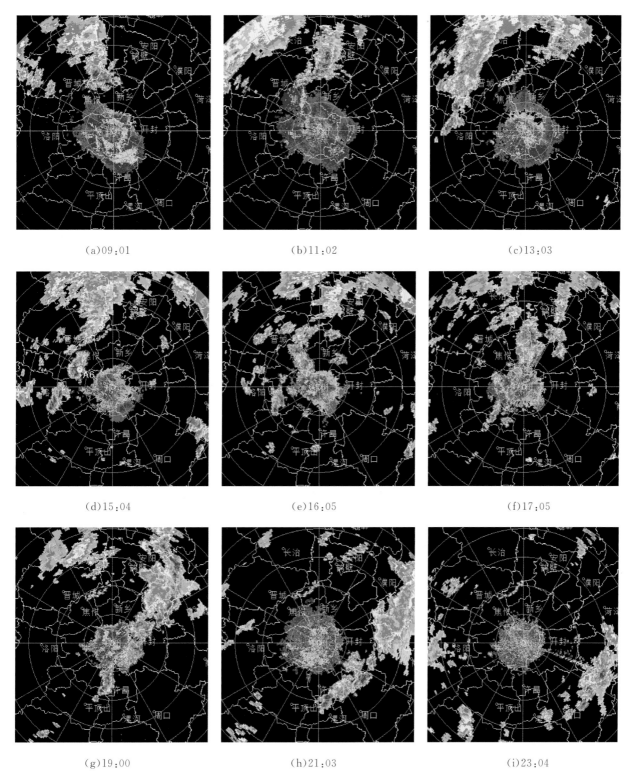

图3.24.4　2011年7月29日09:01—23:04郑州雷达1.5°基本反射率因子

②典型特征

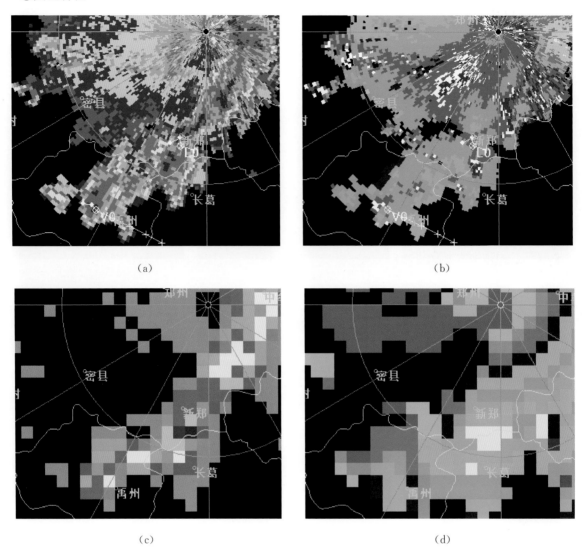

图 3.24.5　2007 年 7 月 29 日 18:00 郑州雷达产品

(a)1.5°基本反射率因子,(b)1.5°平均径向速度,(c)垂直积分液态水含量,(d)回波顶高

(5)小结

①受副热带高压东退和中纬度低槽东移影响,2011 年 7 月 29 日河南淮河以北出现了分布不均的降水,中部局地出现了雷暴大风等强对流天气。低层处于暖区中,晋、陕、豫三省交界附近有一低压环流,地面图上,河南处于西南倒槽中。

②单站探空图低层风随高度顺时针旋转,暖平流明显,整体湿层深厚,但 500 hPa 附近有明显干层,受辐射增温影响,14 时温度、露点订正后有较大对流有效位能。在高空槽和地面倒槽动力作用下易出现强对流天气。

③初始对流回波在豫北、豫西局地生成,随后逐渐加强向东偏北方向移动,其西南部不断有对流单体生成,部分强回波发展成为超级单体,19 时形成不连续的线状强对流回波带。

3.25　2012年6月23日豫西、豫北和中部强对流天气

(1)天气实况

2012年6月23日下午,豫西、豫北部分地区出现阵雨、雷阵雨,并伴有雷暴大风、局地冰雹等强对流天气,强对流天气集中出现在济源、焦作、新乡和洛阳北部及郑州西部。渑池、新安、孟津、偃师、孟州、武陟、沁阳、新乡、辉县、淇县、温县、淅川等地出现雷暴大风,最大风速孟州市达27 m/s,济源、武陟、登封等地出现了局地冰雹。

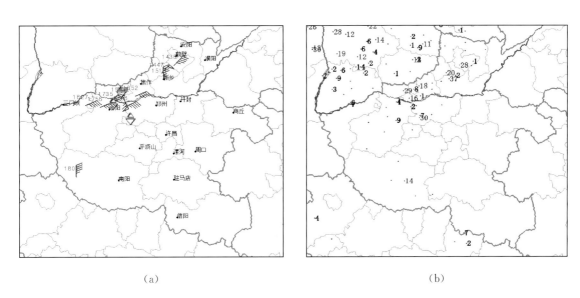

(a)　　　　　　　　　　　　　　　　　　(b)

图3.25.1　2012年6月23日灾害天气实况和降水量
(a)大风、冰雹实况,(b)23日08时—24日08时降水量

(2)天气形势和中尺度天气分析

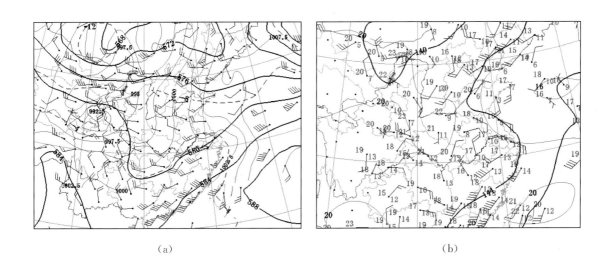

(a)　　　　　　　　　　　　　　　　　　(b)

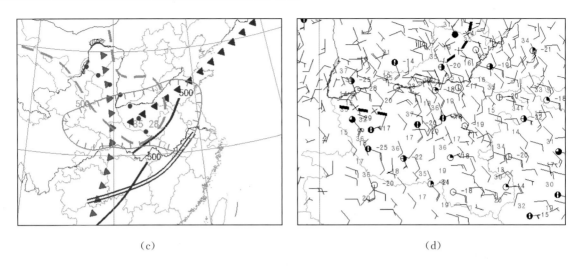

(c)   (d)

图 3.25.2 2012 年 6 月 23 日天气图

(a)08 时 500 hPa 高空图和 14 时海平面气压,(b)08 时 850 hPa 高空图,(c)08 时高空综合分析图,(d)14 时地面图

(3)单站(订正)探空

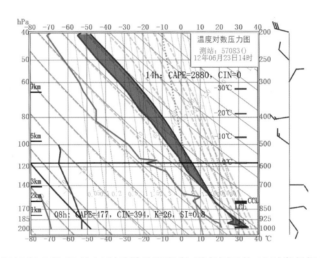

图 3.25.3 2012 年 6 月 23 日 14 时武陟地面温度、露点订正的 08 时郑州探空 $T-\ln P$ 图

(4)雷达回波特征

①雷达回波演变

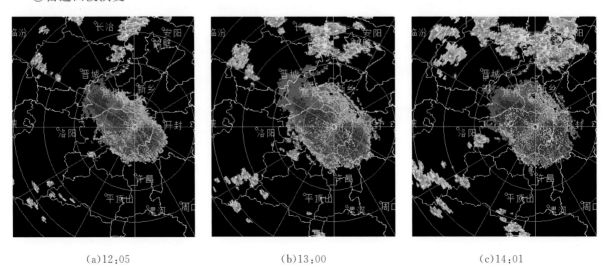

(a)12:05   (b)13:00   (c)14:01

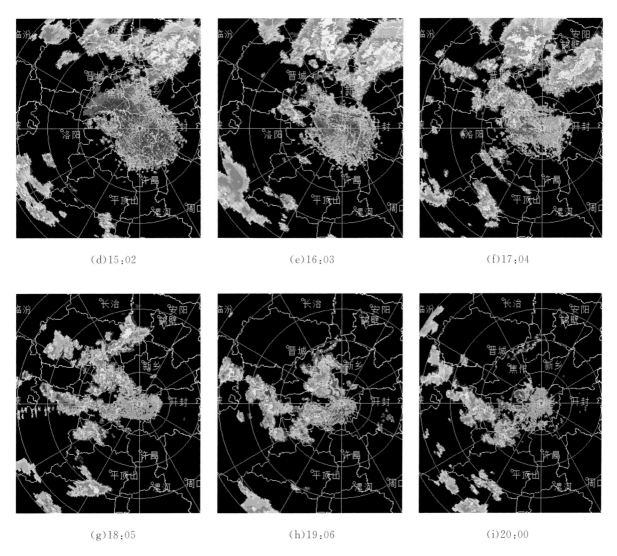

(d)15:02　　　　　　　　(e)16:03　　　　　　　　(f)17:04

(g)18:05　　　　　　　　(h)19:06　　　　　　　　(i)20:00

图 3.25.4　2012 年 6 月 23 日 12:05—20:00 郑州雷达 1.5°基本反射率因子

②典型特征

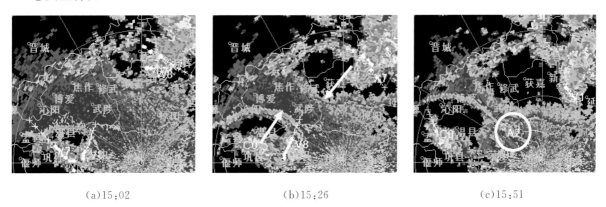

(a)15:02　　　　　　　　(b)15:26　　　　　　　　(c)15:51

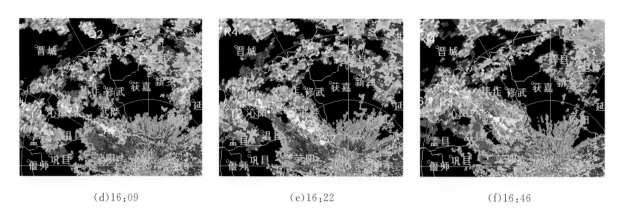

(d)16:09　　　　　　　　(e)16:22　　　　　　　　(f)16:46

图 3.25.5　2012 年 6 月 23 日 15:02—16:46 郑州雷达 0.5°基本反射率因子

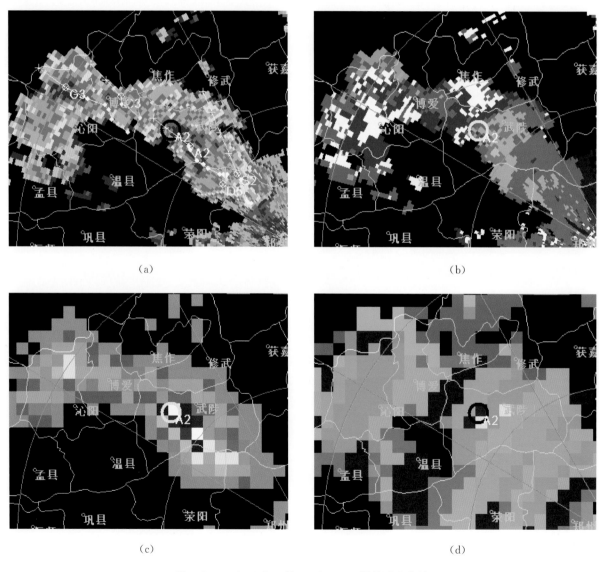

(a)　　　　　　　　　　　　　　　　　　(b)

(c)　　　　　　　　　　　　　　　　　　(d)

图 3.25.6　2012 年 6 月 23 日 16:27 郑州雷达产品
(a)2.4°基本反射率因子,(b)2.4°平均径向速度,(c)垂直积分液态水含量,(d)回波顶高

(5)小结

①2012 年 6 月 23 日豫西北强对流天气发生在弱西北气流形势下,中低层无明显天气影响系统,地面辐射增温明显,受低压前部偏东风影响,具备了一定的水汽条件。

②单站探空自下而上风速较小,垂直风切变弱,大气层结上干冷、下暖湿,14 时地面温度、露点订正后有较大对流有效位能,为局地对流天气的产生提供了热力不稳定条件。

③午后山西南部和豫西、豫北及郑州西部有对流回波生成,豫北对流回波向东南方向移动,郑州西部回波向西北方向移动,二者下沉气流出流边界在焦作附近相遇,对流发展加强。17 时后豫西又有多个局地对流单体生成,多在原地加强、合并,20 时后回波减弱。

3.26　2012 年 7 月 12 日豫东强对流天气

(1)天气实况

2012 年 7 月 12 日夜里到 13 日凌晨,开封、新乡两地区出现阵雨、雷阵雨天气,兰考、开封和延津出现了雷暴大风,开封局地出现冰雹,兰考、卫辉、开封出现了短时暴雨。据开封市顺河回族区土柏岗乡岗西村民反映,夜里 1 点多,狂风大作、电闪雷鸣,下了 15 分钟的冰雹,这些冰雹大的如核桃,小的像花生、大豆。雷暴大风将一养兔场房顶掀掉,200 只兔子死亡,村北 100 多亩的树林里上万只小鸟被冰雹砸死,因灾害天气死亡的小鸟主要是麻雀,也有喜鹊、斑鸠和白鹭。

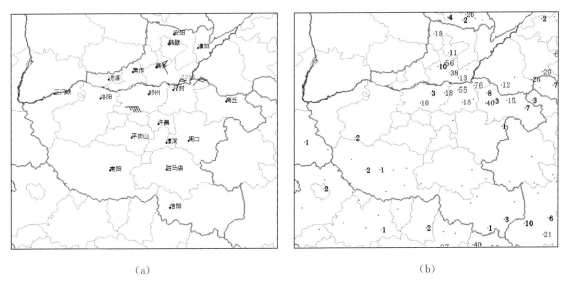

(a)　　　　　　　　　　　　　　　(b)

图 3.26.1　2012 年 7 月 12 日灾害天气实况和降水量

(a)大风实况,(b)12 日 08 时—13 日 08 时降水量

205

(2)天气形势和中尺度天气分析

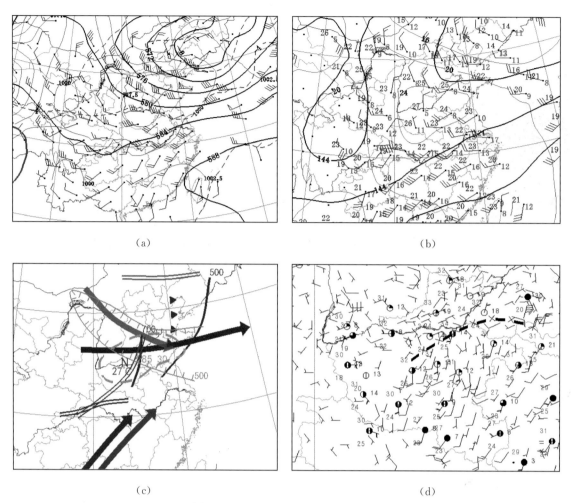

(a)

(b)

(c)

(d)

图 3.26.2　2012 年 7 月 12 日天气图
(a)08 时 500 hPa 高空图和 14 时海平面气压,(b)08 时 850 hPa 高空图,(c)08 时高空综合分析图,(d)14 时地面图

(3)单站(订正)探空

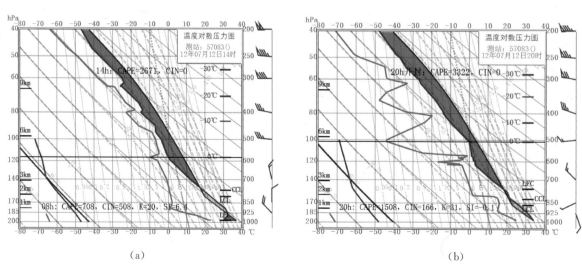

(a)

(b)

图 3.26.3　2012 年 7 月 12 日单站订正探空 $T-\ln P$ 图
(a)14 时郑州地面温度、露点订正的 08 时郑州站,(b)20 时开封地面温度、露点订正的 20 时郑州站

（4）雷达回波特征

①雷达回波演变

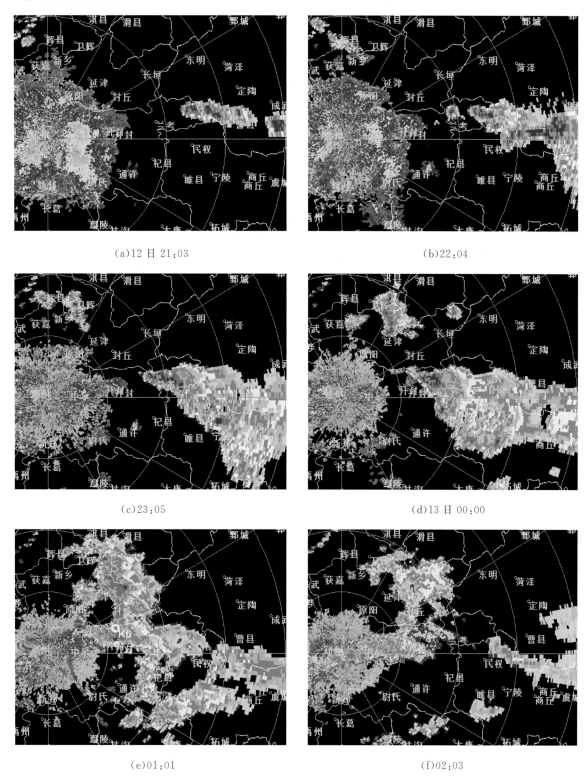

(a)12 日 21:03　　　　　　　　　　　　(b)22:04

(c)23:05　　　　　　　　　　　　(d)13 日 00:00

(e)01:01　　　　　　　　　　　　(f)02:03

图 3.26.4　2012 年 7 月 12 日 21:03—13 日 02:03 郑州雷达 1.5°基本反射率因子

②典型特征

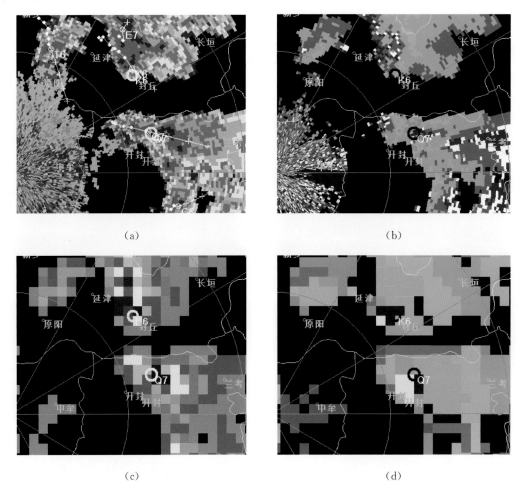

(a)   (b)

(c)   (d)

图 3.26.5　2012 年 7 月 13 日 00:31 郑州雷达产品
(a)1.5°基本反射率因子,(b)1.5°平均径向速度,(c)垂直积分液态水含量,(d)回波顶高

(5)小结

①2012 年 7 月 12 日夜里豫东强对流天气发生在东北低涡东移、河南受西北气流影响的环流形势下,低层有弱低槽切变线(前倾配置)并处于暖中心附近,地面图上河南受暖低压控制,白天北中部出现了 37 ℃的高温天气,开封附近有明显的准东西向的辐合线,有利于河南中东部强对流天气产生。

②20 时和 08 时郑州单站探空图比较来看,逐渐转化为上干下湿的不稳定大气层结,中层干冷空气有利于雷暴大风等强对流天气的发生。

③20 时后,山东到兰考和新乡等地有对流回波生成,随后兰考附近回波向西传播,新乡附近回波逐渐向东移动和传播。13 日 00—01 时二者在开封合并加强,并发展成为强降水超级单体,该强回波使开封出现了雷暴大风、冰雹和短时强降水等灾害天气。

3.27　2013 年 6 月 2 日豫北强对流天气

(1)天气实况

2013 年 6 月 2 日傍晚到夜里,华北南部到豫北出现了雷阵雨天气,安阳、鹤壁、濮阳三地区的滑县、淇县、范县、台前、清丰、内黄等县市出现了雷暴大风。

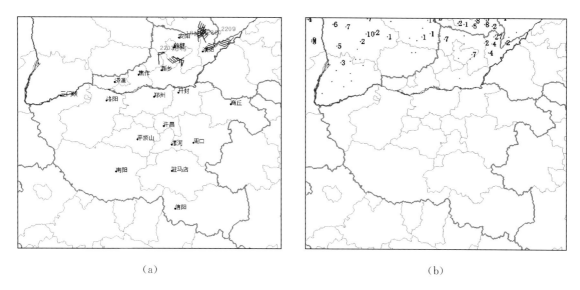

(a)　　　　　　　　　　　　　　　　(b)

图 3.27.1　2013 年 6 月 2 日灾害天气实况和降水量

(a)大风实况,(b)2 日 08 时—3 日 08 时降水量

(2)天气形势和中尺度天气分析

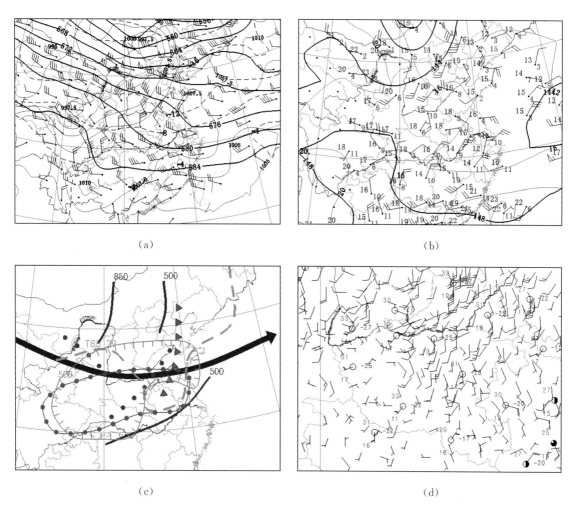

(a)　　　　　　　　　　　　　　　　(b)

(c)　　　　　　　　　　　　　　　　(d)

图 3.27.2　2013 年 6 月 2 日天气图

(a)08 时 500 hPa 高空图和 14 时海平面气压,(b)08 时 850 hPa 高空图,(c)08 时高空综合分析图,(d)14 时地面图

(3)单站(订正)探空

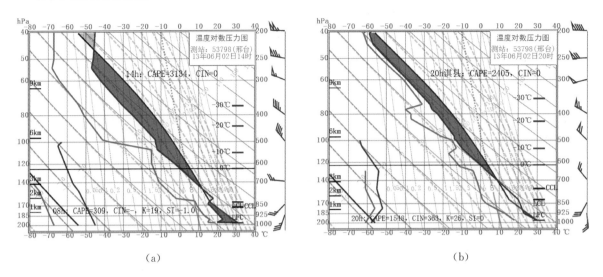

(a)   (b)

图 3.27.3   2013 年 6 月 2 日单站订正探空 $T-\ln P$ 图

(a)14 时滑县地面温度、露点订正的 08 时邢台站,(b)20 时淇县地面温度、露点订正的 20 时邢台站

(4)雷达回波特征

①雷达回波演变

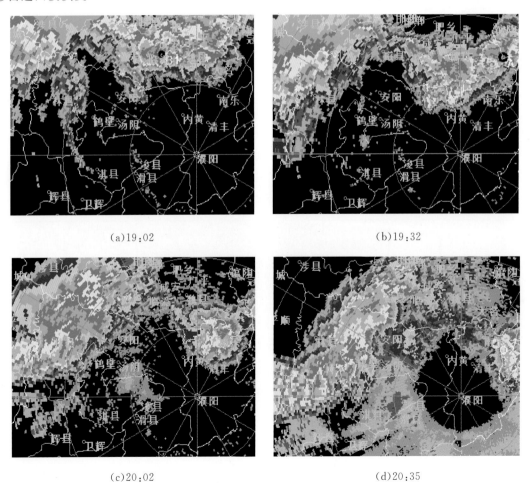

(a)19:02   (b)19:32

(c)20:02   (d)20:35

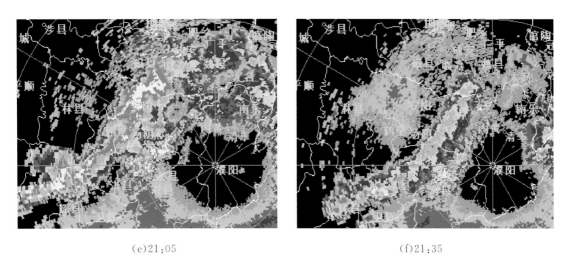

(e)21:05　　　　　　　　　　　　　(f)21:35

图 3.27.4　2013 年 6 月 2 日 19:02—21:35 濮阳雷达 1.5°基本反射率因子

②典型特征

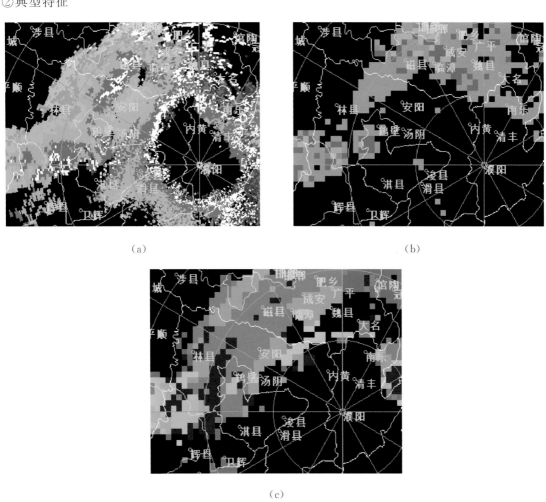

（a）　　　　　　　　　　　　　（b）

（c）

图 3.27.5　2013 年 6 月 2 日 20:35 濮阳雷达产品
(a)1.5°平均径向速度,(b)垂直积分液态水含量,(c)回波顶高

(5)小结

2013年6月2日豫北强对流天气发生在西北气流形势下,中低层在河套地区有低涡槽携带冷空气东移南下影响华北南部到河南北部地区。上干冷、下暖湿的不稳定层结有利于强对流天气的发生,18时后对流回波自河北和山西南部向东南方向移动影响安阳、鹤壁、濮阳三地区(濮阳雷达回波强度偏弱),致三地区部分县市出现了雷暴大风天气。

3.28　2013年6月26日豫北、豫中强对流天气

(1)天气实况

2013年6月26日下午,河南北部、中部部分地区出现了雷阵雨天气,林州、沁阳、温县、孟州、偃师、巩义、荥阳、新密等县市出现了雷暴大风。

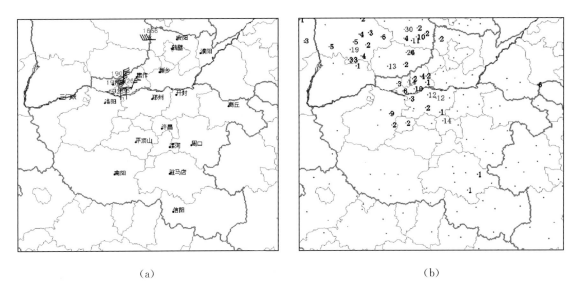

(a)　　　　　　　　　　　　　　　(b)

图3.28.1　2013年6月26日灾害天气实况和降水量

(a)大风实况,(b)26日08时—27日08时降水量

(2)天气形势和中尺度天气分析

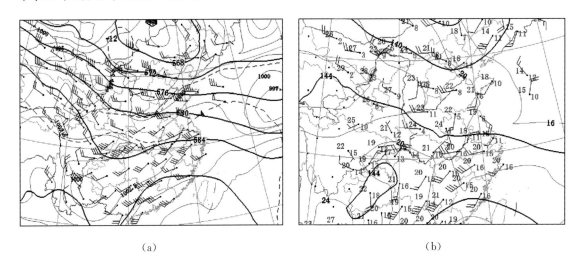

(a)　　　　　　　　　　　　　　　(b)

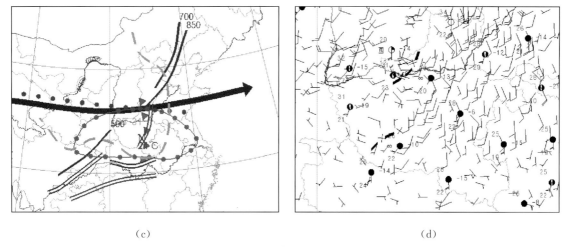

(c)　　　　　　　　　　　　　　　(d)

图 3.28.2　2013 年 6 月 26 日天气图

(a)14 时 500 hPa 加密高空图和 14 时海平面气压,(b)14 时 850 hPa 高空图,(c)14 时高空综合分析图,(d)14 时地面图

(3)单站(订正)探空

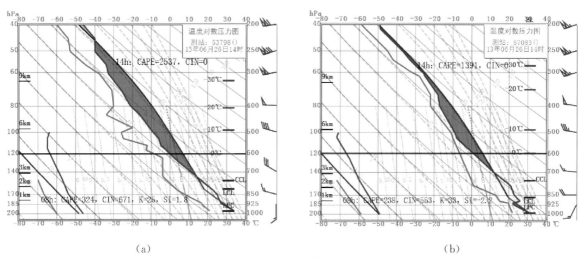

(a)　　　　　　　　　　　　　　　(b)

图 3.28.3　2013 年 6 月 26 日 14 时加密单站订正探空 $T-\ln P$ 图

(a)14 时林州地面温度、露点订正的邢台站,(b)14 时荥阳地面温度、露点订正的郑州站

(4)雷达回波特征

①雷达回波演变

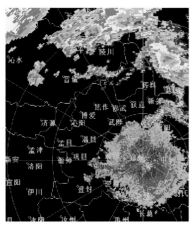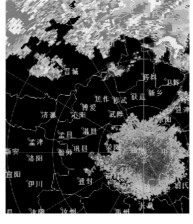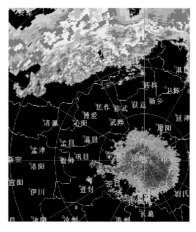

(a)16:02　　　　　　　　(b)17:02　　　　　　　　(c)18:03

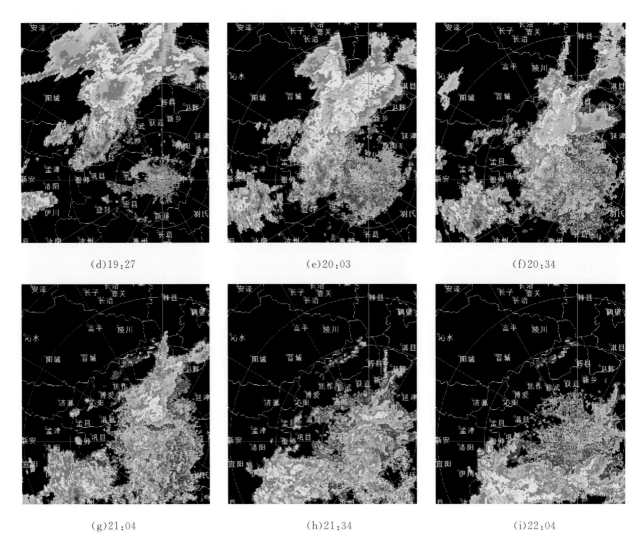

(d)19:27　　　　　　　　(e)20:03　　　　　　　　(f)20:34

(g)21:04　　　　　　　　(h)21:34　　　　　　　　(i)22:04

图 3.28.4　2013 年 6 月 26 日 16:02—22:04 郑州雷达 1.5°基本反射率因子

②典型特征

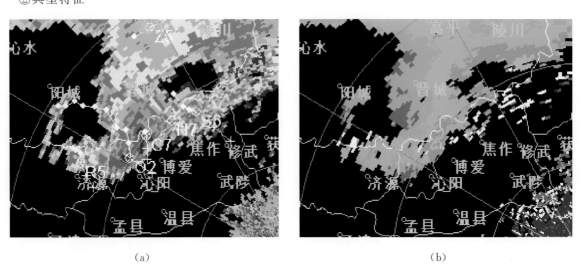

(a)　　　　　　　　　　　　　　　　(b)

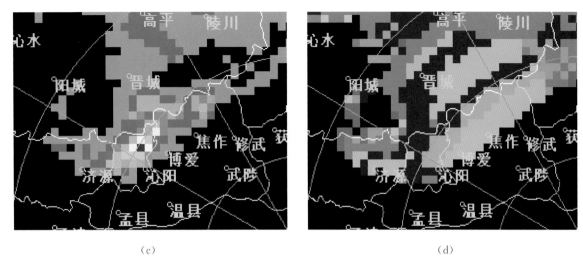

(c)   (d)

图 3.28.5　2013 年 6 月 26 日 18:51 郑州雷达产品
(a)0.5°基本反射率因子,(b)0.5°平均径向速度,(c)垂直积分液态水含量,(d)回波顶高

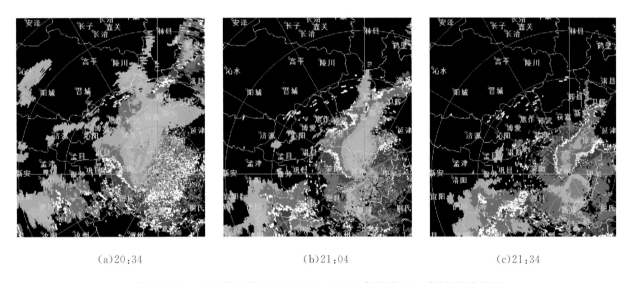

(a)20:34   (b)21:04   (c)21:34

图 3.28.6　2013 年 6 月 26 日 20:34—21:34 郑州雷达 1.5°平均径向速度

(5)小结

2013 年 6 月 26 日河南北中部局地雷暴大风强对流天气发生在弱短波槽沿西北气流下滑的形势下,高空冷槽叠加在低层暖脊之上,有利于不稳定层结的建立,午后山西南部对流回波生成并向东南方向移动,19—21 时在郑州西北部加强并快速东南移,强回波路经之地出现了雷暴大风天气。

3.29　2013 年 7 月 31 日豫西、豫北强对流天气

(1)天气实况

2013 年 7 月 31 日夜里河南西部、北部出现了雷暴大风等强雷阵雨天气,雨量分布不均,其中三门峡、焦作、鹤壁、新乡四地区部分县市出现暴雨,降水量达 50 mm 以上,最大降水出现在灵宝,达172 mm。三门峡、洛阳、济源、焦作、新乡、鹤壁、安阳等地区依次出现了雷暴大风、局地冰雹等强对流天气,共有 20 个测站的极大风速超过 17 m/s,其中汤阴站达 24.2 m/s,灵宝、渑池出现冰雹。强对流天气集中在 8 月

1日00—05时。这次强对流天气风力强,降雨猛,造成农作物(玉米)大量倒伏,部分农田绝收,树木刮断,部分民房倒塌,灾害波及河南省多个地市。凌晨4时许,兰州至杭州的T114次列车东行至陕西潼关县境内因三门峡境内下暴雨,造成陇海铁路塌方,临时停车5小时。此次天气过程风力强、降雹密、雨量大,造成部分农作物受灾,高秆作物倒伏严重,部分房屋倒塌或严重损坏,并出现人员伤亡。据统计,大风冰雹天气造成三门峡、洛阳、焦作、新乡、鹤壁等38.31万人受灾,并导致1人死亡、4人受伤。全省农作物受灾面积达15.31千公顷,其中成灾面积8.71千公顷,绝收面积0.44千公顷。直接经济损失36296.8万元,其中农业损失35330万元。

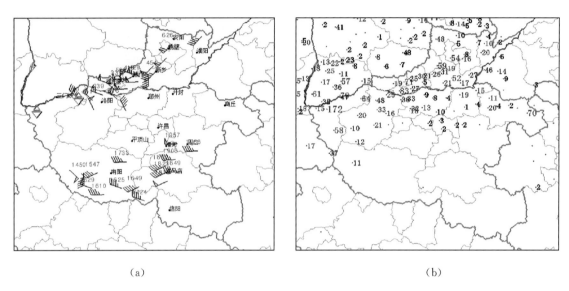

(a)   (b)

图 3.29.1   2013 年 7 月 31 日—8 月 1 日灾害天气实况和降水量
(a)大风、冰雹实况(其中豫西、豫北雷暴大风出现在 7 月 31 日夜里,
豫南雷暴大风出现在 8 月 1 日下午),(b)31 日 08 时—1 日 08 时降水量

(2)天气形势和中尺度天气分析

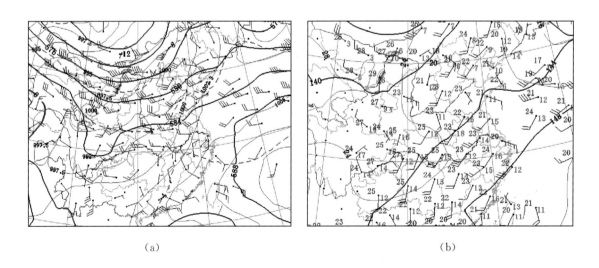

(a)   (b)

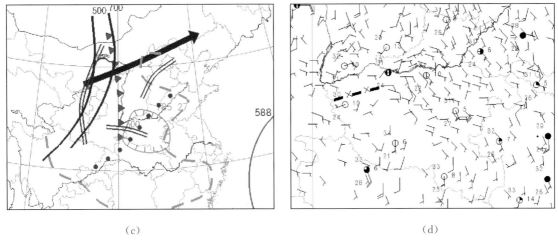

（c）   （d）

图 3.29.2　2013 年 7 月 31 日天气图

（a）20 时 500 hPa 高空图和海平面气压，（b）20 时 850 hPa 高空图，（c）20 时高空综合分析图，（d）20 时地面图

（3）单站（订正）探空

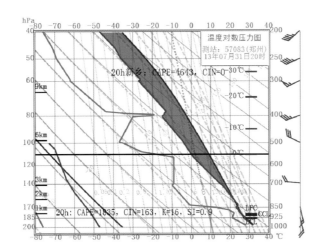

图 3.29.3　2013 年 7 月 31 日 20 时新乡地面温度、露点订正的 20 时郑州站探空 $T-\ln P$ 图

（4）雷达回波特征

①雷达回波演变

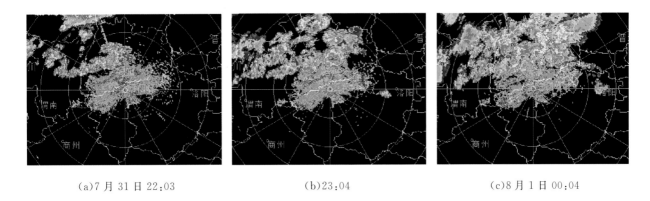

（a）7 月 31 日 22:03　　　　　（b）23:04　　　　　（c）8 月 1 日 00:04

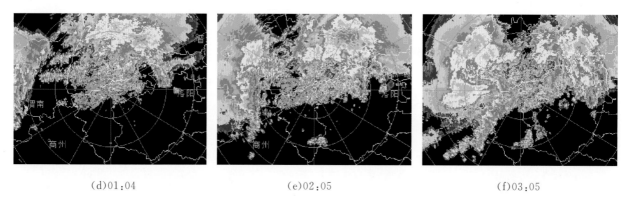

(d)01:04　　　　　　　　　(e)02:05　　　　　　　　　(f)03:05

图 3.29.4　2013 年 7 月 31 日 22:03—8 月 1 日 03:05 三门峡雷达 1.5°基本反射率因子

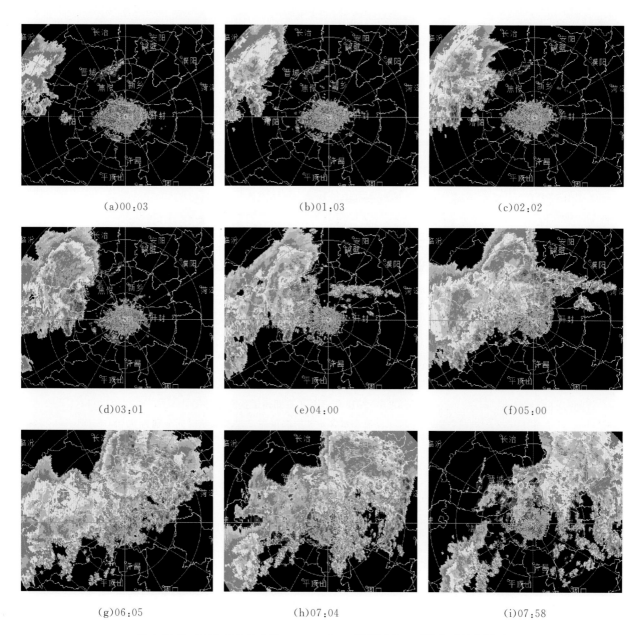

(a)00:03　　　　　　　　　(b)01:03　　　　　　　　　(c)02:02

(d)03:01　　　　　　　　　(e)04:00　　　　　　　　　(f)05:00

(g)06:05　　　　　　　　　(h)07:04　　　　　　　　　(i)07:58

图 3.29.5　2013 年 8 月 1 日 00:03—07:58 郑州雷达 1.5°基本反射率因子

②典型特征

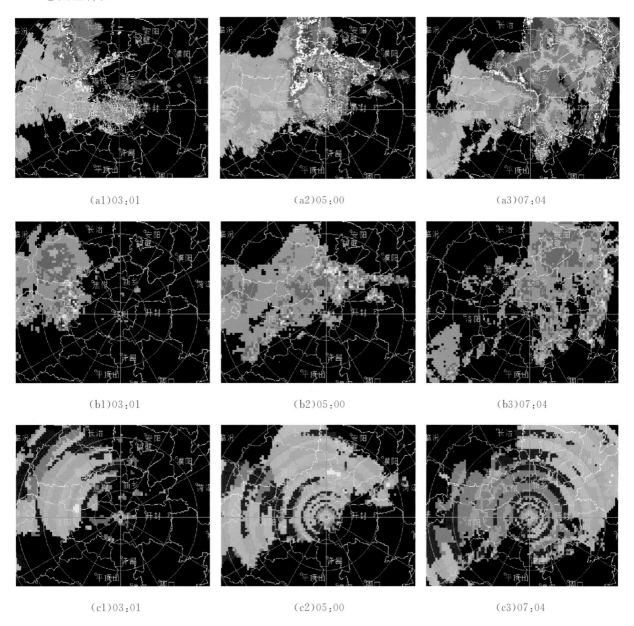

|(a1)03:01|(a2)05:00|(a3)07:04|

(a1)03:01　　　　　　(a2)05:00　　　　　　(a3)07:04

(b1)03:01　　　　　　(b2)05:00　　　　　　(b3)07:04

(c1)03:01　　　　　　(c2)05:00　　　　　　(c3)07:04

图 3.29.6　2013 年 8 月 1 日郑州雷达产品

((a)、(b)、(c)分别为 1.5°平均径向速度、垂直积分液态水含量和回波顶高,1、2、3 表示时间分别为 03:01、05:00 和 07:04)

(5)小结

①2013 年 7 月 31 日夜里河南强对流天气发生在中纬度低槽发展东移、副热带高压加强西伸,同时中低层西南气流风速明显加强的形势下,低层辐合线对豫西初始对流的产生具有触发作用。

②单站探空显示低层风向顺转有暖平流,高层风向逆转有冷平流,大气层结上干下湿,近地面高温高湿,有较强对流有效位能,随着低槽东移和西南气流加强,31 日夜里低层和深层垂直风切变明显增大,有利于产生强对流天气。

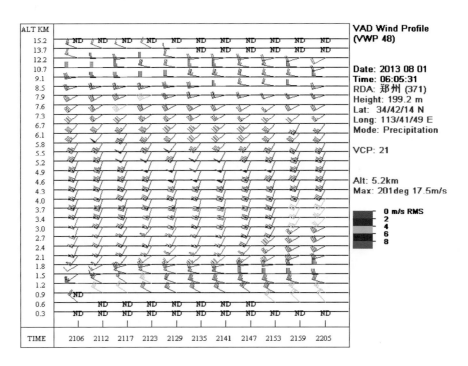

图 3.29.7　2013 年 8 月 1 日 06:05 郑州雷达风廓线

③31 日前半夜,强对流回波群主要位于晋、陕、豫三省交界处,单体回波在向南发展过程中整体自西向东移动,影响河南三门峡地区,灵宝附近对流旺盛,发展成为强降水超级单体,且有多个对流单体经过,影响时间长,使得灵宝出现局地大暴雨。后半夜对流回波继续向东偏北方向移动,对流旺盛,组织性加强,8 月 1 日 03 时后逐渐向线状对流转化,速度图上有明显的低空急流,部分对流发展成为超级单体,后半夜强对流回波主要影响洛阳及豫北大部分地区,8 月 1 日早晨对流回波移至河南东北部后逐渐减弱。

3.30　2013 年 8 月 1 日黄淮之间飑线强对流天气

(1)天气实况

2013 年 8 月 1 日豫西南到豫东一带出现了暴雨、强对流天气,76 站出现雷暴,南阳、驻马店、周口三地区 15 站出现雷暴大风,内乡、唐河和泌阳出现冰雹,多地伴有短时强降水,其中南阳、驻马店、商丘部分县市出现暴雨,永城、内乡出现大暴雨,小时雨量最大三站分别为社旗 70 mm/h、内乡 63 mm/h、泌阳49 mm/h,雨带主要位于黄淮之间。详细灾情如下:1 日 16 时许,受强对流天气影响,泌阳县双庙街乡贾洼、武岗、枣庄、双庙街、贾庄、蔡庄、一张 7 个村受冰雹袭击,造成 233 公顷烟叶受灾、1433 公顷玉米倒伏,600 多颗树木折断,三家企业共 20 间厂房受损。其中农作物绝收 200 公顷,直接经济损失:农业经济损失 773 万元,厂房损失 10 万元,树木损失 3 万元。1 日 18—21 时,确山县自西向东发生雷暴大风天气,最大风力 9 级,降水量 18.4 mm,伴随雷雨大风天气的发生,局部出现龙卷。1 日晚 7 时许,京港澳高速公路正阳收费站被掀翻,一阵龙卷掠过,京港澳高速公路正阳收费站(位于确山县普会寺乡马沟村)惨遭"剃头"。确山县气象局西南面 107 国道对面老臧庄的一座活动板房被掀翻,全县多处断电,变压器损坏两部。周口地区除沈丘县外,其余县市风力均在 6～8 级之间,达到 8 级大风的县市有扶沟、项城和黄泛区,造成部分树木折断和电力中断(梁俊平等,2015)。

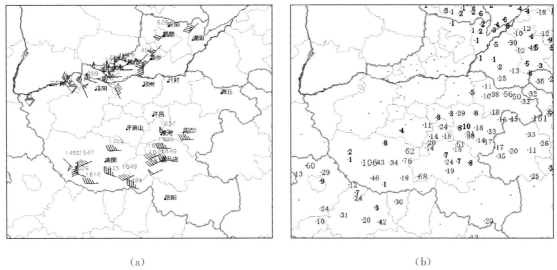

(a)　　　　　　　　　　　　　　　　　　　(b)

图 3.30.1　2013 年 8 月 1 日灾害天气实况和降水量

(a)大风、冰雹实况(同图 3.29.1(a),其中豫南雷暴大风出现在 8 月 1 日下午,豫西、
豫北雷暴大风出现在 7 月 31 日夜里),(b)1 日 08 时—2 日 08 时降水量

(2)天气形势和中尺度天气分析

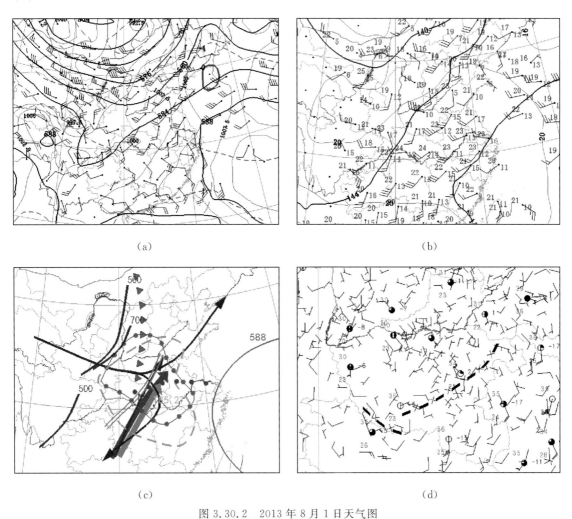

(a)　　　　　　　　　　　　　　　　　　　(b)

(c)　　　　　　　　　　　　　　　　　　　(d)

图 3.30.2　2013 年 8 月 1 日天气图

(a)08 时 500 hPa 高空图和 14 时海平面气压,(b)08 时 850 hPa 高空图,(c)08 时高空综合分析图,(d)14 时地面图

(3)单站(订正)探空

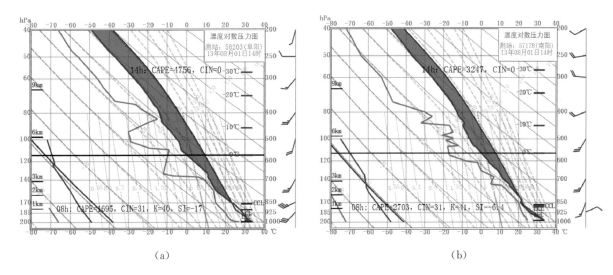

(a)   (b)

图 3.30.3　2013 年 8 月 1 日 08 时单站订正探空 $T-\ln P$ 图

(a)14 时确山地面温度、露点订正的阜阳站,(b)14 时镇平地面温度、露点订正的南阳站

(4)雷达回波特征

①雷达回波演变

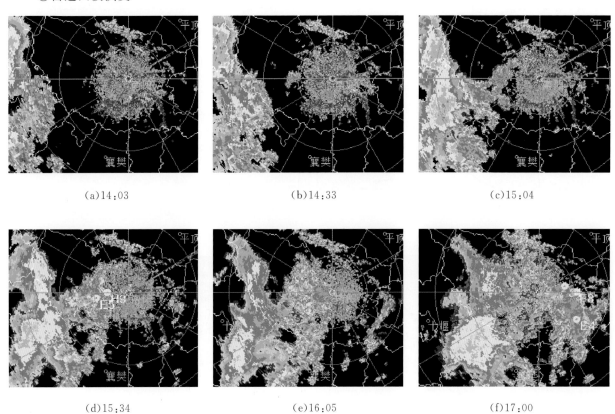

(a)14:03   (b)14:33   (c)15:04

(d)15:34   (e)16:05   (f)17:00

图 3.30.4　2013 年 8 月 1 日 14:03—17:00 南阳雷达 1.5°基本反射率因子

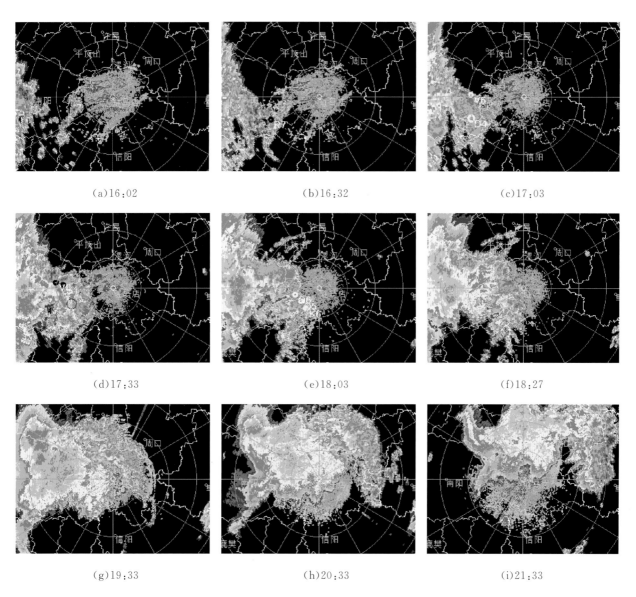

(a)16:02　　　　　　　　(b)16:32　　　　　　　　(c)17:03

(d)17:33　　　　　　　　(e)18:03　　　　　　　　(f)18:27

(g)19:33　　　　　　　　(h)20:33　　　　　　　　(i)21:33

图 3.30.5　2013 年 8 月 1 日 16:02—21:33 驻马店雷达 1.5°基本反射率因子

②典型特征

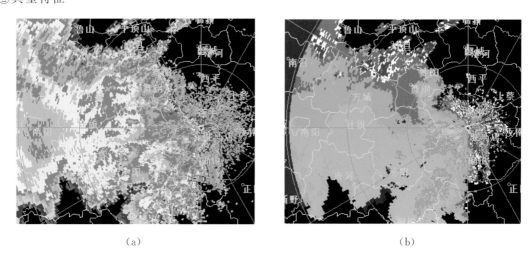

(a)　　　　　　　　　　　　　　　(b)

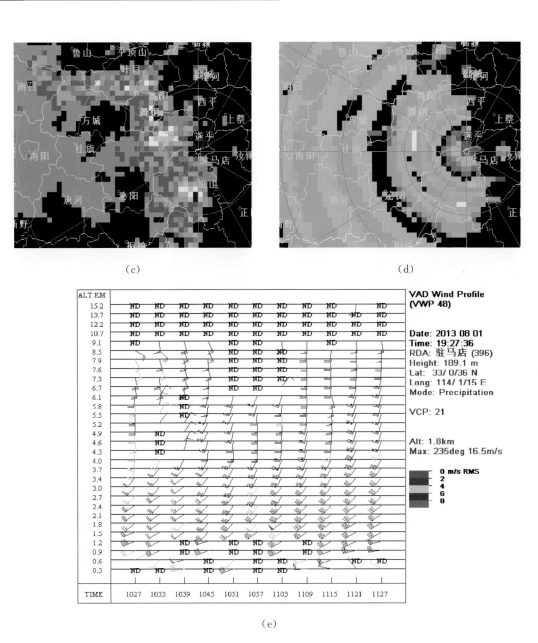

(c)　　　　　　　　　　　　　　　　　(d)

(e)

图 3.30.6　2013 年 8 月 1 日驻马店雷达产品

(a)18:27 1.5°基本反射率因子,(b)18:27 1.5°平均径向速度,(c)18:27 垂直积分液态水含量,
(d)18:27 回波顶高,(e)19:27 风廓线

(5)小结

①2013 年 8 月 1 日黄淮之间强对流天气发生在副热带高压稳定略西进、河套东部和四川东部分别有低槽发展东移,河南处于 584 线边缘西南气流影响的环流形势下,高层有冷温槽,低层有暖脊,中低层有明显的西南低空急流,受槽前西南气流影响,河南南部出现了大范围强对流天气。

②单站探空图上低层有较深厚的湿层,中上层为干区,低层风随高度顺时针旋转,有明显暖平流,大气层结上干冷,下暖湿,14 时地面温度、露点订正后的探空对流不稳定能量非常强,有利于强对流天气的发生。

③午后,分散性块状强回波在南阳生成、发展,部分单体回波发展成为超级单体,对流回波东移过程中逐渐组织成线状回波,之后又演变为弓形回波,强天气主要是由河南西南部多单体回波和弓形飑线回波受西南气流引导,在地面高温高湿环境中沿地面辐合线自西南向东北快速移动而造成。18—20 时线

状回波和弓形飑线回波阶段其后侧有显著大风区。

3.31 2013年8月11日豫北飑线强对流天气

(1)天气实况

2013年8月11日下午到夜里,河南中西部、北部出现强对流天气,73站出现雷暴,多地伴有短时强降水,辉县最大风速26 m/s,新安最大风速达24 m/s,灵宝、孟州和安阳龙泉出现冰雹,最大冰雹直径在16~20 mm。11日晚上,郑州遭遇强对流天气,狂风暴雨夹杂着冰雹,并伴有电闪雷鸣,郑汴路东明路交叉口的变压器被雷电击中引起爆炸,爆炸造成高压漏电,一名男子在雨中不幸触电身亡。11日晚,安阳县中北部地区自西向东遭遇强对流天气袭击,出现破坏力较大的雷暴、大风等强对流天气,风力达到9~10级(安阳县瓦店最大风速28.2 m/s),大量树木倒伏折断,农作物大面积倒伏,广告牌被吹翻。安阳县安丰、永和、吕村等多个乡镇发生严重倒杆断线事故,造成14条10千伏线路跳闸停电12小时以上,交通暂时瘫痪(梁俊平等,2015)。

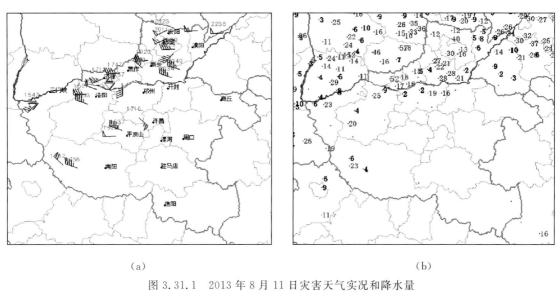

(a)　　　　　　　　　　　　　　　(b)

图 3.31.1　2013年8月11日灾害天气实况和降水量
(a)大风、冰雹实况,(b)11日08时—12日08时降水量

(2)天气形势和中尺度天气分析

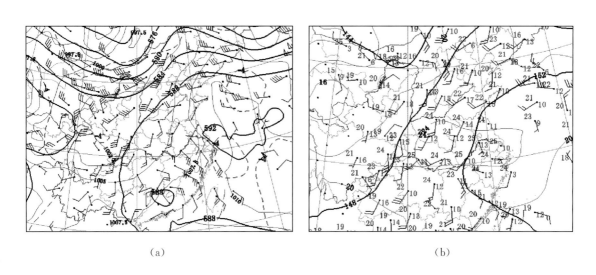

(a)　　　　　　　　　　　　　　　(b)

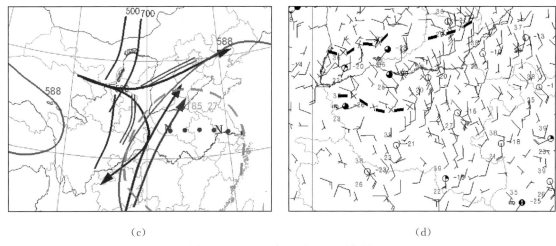

（c） （d）

图 3.31.2 2013 年 8 月 11 日天气图

(a)08 时 500 hPa 高空图和 14 时海平面气压，(b)08 时 850 hPa 高空图，(c)08 时高空综合分析图，(d)14 时地面图

（3）单站（订正）探空

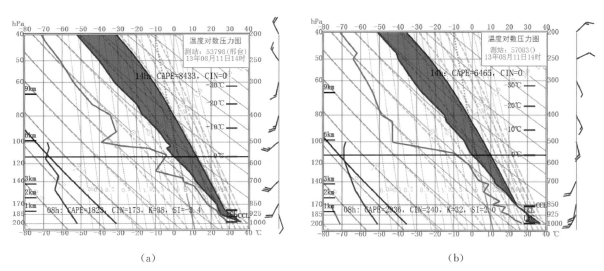

（a） （b）

图 3.31.3 2013 年 8 月 11 日 08 时单站订正探空 $T-\ln P$ 图

(a)14 时安阳地面温度、露点订正的邢台站，(b)14 时孟州地面温度、露点订正的郑州站

（4）雷达回波特征

①雷达回波演变

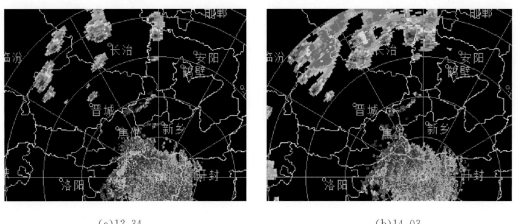

(a)12:34 (b)14:03

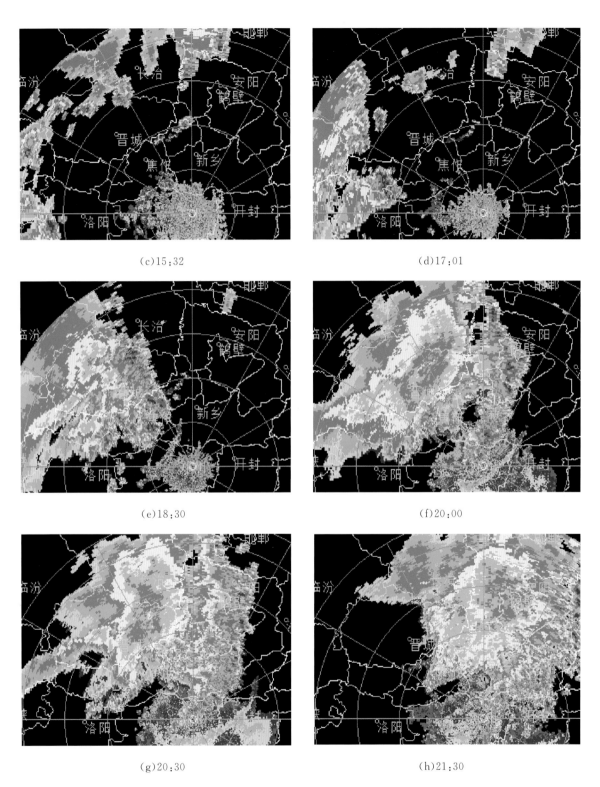

(c)15:32

(d)17:01

(e)18:30

(f)20:00

(g)20:30

(h)21:30

图 3.31.4　2013 年 8 月 11 日 12:34—21:30 郑州雷达 1.5°基本反射率因子

②典型特征

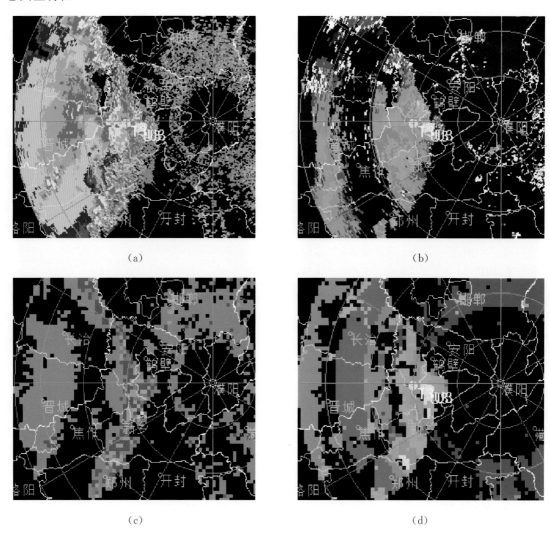

　　　　　　　　　　　(a)　　　　　　　　　　　　　　　　　　　　(b)

　　　　　　　　　　　(c)　　　　　　　　　　　　　　　　　　　　(d)

图 3.31.5　2013 年 8 月 11 日 19:53 濮阳雷达产品
(a)1.5°基本反射率因子,(b)1.5°平均径向速度,(c)垂直积分液态水含量,(d)回波顶高

(5)小结

　　①2013 年 8 月 11 日河南中西部、北部强对流天气发生在控制我国中东部大部地区的副热带高压东退、中纬度河套地区有低槽东移的形势下。河南西部、北部位于低槽前部和副高西北边缘之间的西南气流中,700 hPa 低槽略超前于 500 hPa,850 hPa 在山西北部和陕西西部分别有一切变线,从高层到低层河南都处在西南气流中。

　　②单站探空图上对流层中下层湿层相对深厚,向上湿度逐渐减小,上层为明显干层,受副高控制,地面温度高、湿度大,14 时地面温度、露点订正后的探空有强的对流不稳定能量,热力不稳定条件充分。在高空槽和地面辐合抬升作用下,11 日的强对流天气首先在河南西部辐合线附近发生,随后在副高边缘西南气流引导下在河南北部高温、高湿区移动。

　　③11 日 12 时初始对流单体回波在三门峡灵宝附近生成,随后其周围有较多分散且发展迅猛的多单体对流回波出现。该回波在三门峡、洛阳一带聚集、发展、加强,多单体回波发展东移过程中组织成弓形飑线回波带,受西南气流引导在河南北部地面辐合线南侧的高温、高湿区自西南向东北移动影响豫北大部地区,飑线阶段,在郑州和濮阳雷达平均径向速度图上强回波后侧出现有明显大风区。

参考文献

陈红霞,牛淑贞,吕作俊,等,2008.孟津县一次龙卷天气过程分析[J].气象与环境科学,31(增刊):154-157.

何立富,周庆亮,谌芸,等,2011.国家级强对流潜势预报业务进展与检验评估[J].气象,37(7):777-784.

蓝渝,张涛,郑永光,等,2013.国家级中尺度天气分析业务技术进展Ⅱ:对流天气中尺度过程分析规范和支撑技术[J].气象,39(7):901-910.

李改琴,吴丽敏,许庆娥,等,2013.河南一次下击暴流天气的多普勒雷达分析[C]//河南省2011年度重大天气过程技术总结.郑州:河南科学技术出版社:75-81.

李改琴,许庆娥,吴丽敏,等,2014.一次龙卷风天气的特征分析[J].气象,40(5):628-636.

梁俊平,张一平,2015.2013年8月河南三次西南气流型强对流天气分析[J].气象,41(11):1328-1340.

牛淑贞,鲍向东,乔春贵,等,2008.强对流风暴新一代雷达产品特征分析[J].气象,34(7):92-100.

牛淑贞,张一平,梁俊平,等,2016.郑州市两次短时强降水过程的环境条件和中尺度特征对比[J].暴雨灾害,2016,35(2):138-147.

牛淑贞,张一平,席世平,等,2012.基于加密探测资料解析2009年6月3日商丘强飑线形成机制[J].暴雨灾害,31(3):255-263.

苏爱芳,梁俊平,崔丽曼,等,2012.豫北一次局地雹暴天气的预警特征和触发机制[J].气象与环境学报,28(6):1-7.

孙继松,陶祖钰,2012.强对流天气分析与预报中的若干基本问题[J].气象,38(2):164-173.

孙继松,戴建华,何立富,等,2014.强对流天气预报的基本原理与技术方法——中国强对流天气预报手册[M].北京:气象出版社.

王红燕,王东平,牛淑贞,等,2013.河南长葛南席一次龙卷成因分析及雷达预警初探[J].暴雨灾害,32(3):256-262.

王秀明,俞小鼎,周小刚,等,2012."6·3"区域致灾雷暴大风形成及维持原因分析[J].高原气象,31(2):504-514.

王秀明,周小刚,俞小鼎,2013.雷暴大风环境特征及其对风暴结构影响的对比研究[J].气象学报,71(5):839-852.

吴蓁,俞小鼎,席世平,等,2011.基于配料法的"08·6·3"河南强对流天气分析和短时预报[J].气象,37(1):48-58.

席世平,白凌霞,赵培娟,等,2010.2010年9月4日孟津雷暴大风分析和预报[R].河南省气象学会年会论文集:20-21.

许爱华,孙继松,许东蓓,等,2014.中国中东部强对流天气的天气形势分类和基本要素配置特征[J].气象,40(4):400-411.

俞小鼎,姚秀萍,熊廷南,等,2006.多普勒天气雷达原理与业务应用[M].北京:气象出版社.

俞小鼎,周小刚,Lemon L,等,2010.强对流天气临近预报[M].中国气象局培训中心培训讲义.

俞小鼎,周小刚,王秀明,2012.雷暴与强对流临近天气预报技术进展[J].气象学报,70(3):311-337.

俞小鼎,2013.短时强降水临近预报的思路与方法[J].暴雨灾害,32(3):202-209.

袁鹏飞,姬鸿丽,刘文玲,2012.一次罕见大冰雹天气的新一代天气雷达回波分析[J].气象与环境科学,35(1):62-66.

张培昌,杜秉玉,戴铁丕,2001.雷达气象学(第二版)[M].北京:气象出版社.

张涛,蓝渝,毛冬艳,等,2013.国家级中尺度天气分析业务技术进展Ⅰ:对流天气环境场分析业务技术规范的改进与产品集成系统支撑技术[J].气象,39(7):894-900.

张小玲,张涛,刘鑫华,等,2010.中尺度天气的高空地面综合图分析[J].气象,36(7):143-150.

张一平,牛淑贞,王金莲,等,2009.两次大暴雨的新一代雷达产品和闪电特征分析[J].气象与环境科学,32(1):63-67.

张一平,牛淑贞,席世平,等,2005.雷暴外流边界与郑州强对流天气[J].气象,31(8):54-56.

张一平,孙景兰,牛淑贞,等,2015.河南区域暴雨的若干雷达回波特征[J].气象与环境科学,38(3):25-36.

张一平,王新敏,梁俊平,等,2013.黄淮地区两次低涡暴雨的中尺度特征分析[J].暴雨灾害,32(4):303-313.

张一平,王新敏,牛淑贞,等,2010.河南省强雷暴地闪活动与雷达回波的关系探析[J].气象,36(2):54-61.

张一平,吴蓁,苏爱芳,等,2013.基于流型识别和物理量要素分析河南强对流天气特征[J].高原气象,32(5):1492-1502.

张一平,俞小鼎,孙景兰,等,2014a.2012年早春河南一次高架雷暴天气成因分析[J].气象,40(1):48-58.

张一平,俞小鼎,孙景兰,等,2014b.一次槽后型大暴雨伴冰雹的形成机制和雷达观测分析[J].高原气象,34(4):1093-1104.

张一平,俞小鼎,吴蓁,等,2012.区域暴雨过程中两次龙卷风事件分析[J].气象学报,70(5):961-973.

章国材,2011.强对流天气分析与预报[M].北京:气象出版社.

郑媛媛,姚晨,郝莹,等,2011.不同类型大尺度环流背景下强对流天气的短时临近预报预警研究[J].气象,37(7):795-801.

朱乾根,林锦瑞,寿绍文,等,2000.天气学原理和方法(第三版)[M].北京:气象出版社.

Houze R A Jr,Biggerstaff M I,Rutledge S A,et al,1989. Interpretation of Doppler weather-radar displays in midlatitude mesoscale convective systems. Bull. Am. Meteorol. Soc.,70:608-619.